Mohammad Parsa

Nanociência em Mecânica dos Fluidos

Mohammad Parsa

Nanociência em Mecânica dos Fluidos

ScienciaScripts

Imprint
Any brand names and product names mentioned in this book are subject to trademark, brand or patent protection and are trademarks or registered trademarks of their respective holders. The use of brand names, product names, common names, trade names, product descriptions etc. even without a particular marking in this work is in no way to be construed to mean that such names may be regarded as unrestricted in respect of trademark and brand protection legislation and could thus be used by anyone.

Cover image: www.ingimage.com

This book is a translation from the original published under ISBN 978-3-659-84073-9.

Publisher:
Sciencia Scripts
is a trademark of
Dodo Books Indian Ocean Ltd. and OmniScriptum S.R.L publishing group

120 High Road, East Finchley, London, N2 9ED, United Kingdom
Str. Armeneasca 28/1, office 1, Chisinau MD-2012, Republic of Moldova, Europe
Printed at: see last page
ISBN: 978-620-8-28570-8

Nanociência em Mecânica dos Fluidos

Por

Mohammad Parsa

Universidade Islâmica Azad, **Irão**

***Mohammad Parsa** iniciou o seu percurso académico e de investigação no domínio da engenharia mecânica e da conceção de sólidos na Universidade Islâmica Azad, filial de Khorramabad, em 2010, tendo-o concluído em 2014. O seu fascínio pela mecânica de conversão de energia levou-o a realizar investigação neste domínio. De 2015 a 2017, concluiu o seu mestrado na Universidade de Ciência e Investigação de Teerão (ramo de Boroujerd).*

Dedicado aos Anjos Misericordiosos que:

O senhor dos mundos, que começou a guiar os seus servos com o ensinamento da pena.

Os meus pais, cuja presença é para mim uma coroa de honra e cujo nome é a razão da minha existência, porque estas duas existências, depois do Senhor, foram a fonte da minha existência, pegaram na minha mão e ensinaram-me a caminhar neste vale cheio de altos e baixos.

Conteúdo

Capítulo I

Nanociência

Introdução

A nanotecnologia ou nanotecnologia é um domínio do conhecimento aplicado e da tecnologia que abrange uma vasta gama de questões, e o Irão tem feito grandes progressos neste domínio até à data. A nanotecnologia ou nanotecnologia é um domínio do conhecimento aplicado e da tecnologia que abrange uma vasta gama de questões.

O seu tema principal é a contenção de matéria ou dispositivos com dimensões inferiores a um micrómetro, normalmente entre 1 e 100 nanómetros. De facto, a nanotecnologia é a compreensão e aplicação de novas propriedades de materiais e sistemas nestas dimensões que exibem novos efeitos físicos - principalmente influenciados pelo domínio das propriedades quânticas sobre as propriedades clássicas.

A nanotecnologia, a quarta vaga da revolução industrial, é um fenómeno gigantesco que entrou em todas as tendências científicas e é uma das novas tecnologias que se está a desenvolver à velocidade mais rápida possível. Desde o início dos anos 80, o âmbito da conceção e da construção de edifícios tem assistido a inovações no domínio dos materiais mais eficientes e eficazes, da maleabilidade, da durabilidade e da capacidade em comparação com os materiais tradicionais.

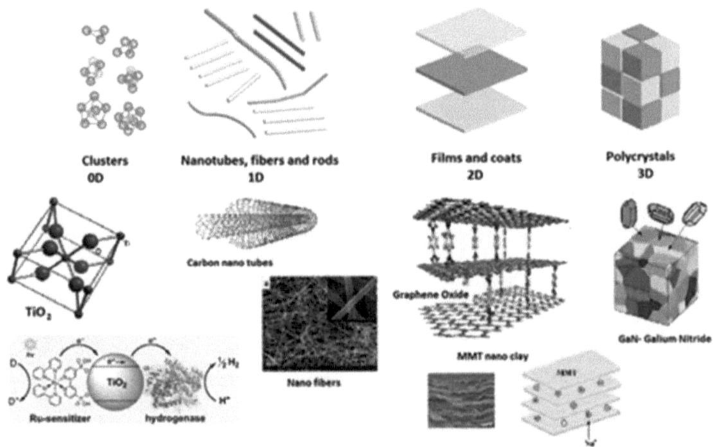

Figura 1. Nanociência e nanotecnologia

A nanotecnologia é um conhecimento altamente interdisciplinar e está relacionada com domínios como a engenharia de materiais, a medicina, a farmácia e a conceção de medicamentos, a medicina veterinária, a biologia, a física aplicada, os dispositivos semicondutores, a química supramolecular e até a engenharia mecânica, a engenharia eletrotécnica e a engenharia química. Os analistas consideram que as nanotecnologias, as biotecnologias e as tecnologias da informação (TI) são os três domínios científicos que irão moldar a terceira revolução industrial.
A nanotecnologia pode ser uma continuação dos conhecimentos actuais em nano dimensões ou uma projeção dos conhecimentos actuais numa base mais recente e mais moderna. O Irão ocupa o sétimo lugar no mundo em matéria de nanotecnologia.

O que são os nanomateriais?

Em geral, refere-se a nanomateriais cuja unidade (pelo menos numa dimensão) tem uma dimensão entre 1 e 100 nanómetros (a definição habitual de nanoescala). A investigação sobre nanomateriais adopta uma abordagem da nanotecnologia baseada na ciência dos materiais e utiliza os avanços na metrologia e na síntese de materiais. Os materiais estruturados à escala nanométrica têm frequentemente propriedades ópticas, electrónicas, termofísicas ou mecânicas que são únicas e diferentes do seu estado não nanométrico.

Nanometers to meters

nanometers	meters
10^{-9}m	10^{0} m

Qual é a definição de nanomateriais?

Legalmente, os nanomateriais são definidos como "uma substância com qualquer dimensão externa à escala nanométrica ou com uma estrutura interna ou de superfície à escala nanométrica", sendo a escala nanométrica definida como "um intervalo de comprimento de aproximadamente 1 nanómetro a 100 nanómetros". Esta definição e lei incluem nano-objectos, que são peças separadas de material, e materiais nanoestruturados que têm uma estrutura interna ou de superfície à escala nanométrica. Um nanomaterial pode ser colocado em ambas as categorias de acordo com as suas propriedades.

História dos nanomateriais

A primeira evidência de aplicações de nanomateriais pode ser atribuída aos nanotubos de carbono e aos nanofios de cimento encontrados na microestrutura do aço produzido na Índia (600 a.C.). É claro que este ponto é importante porque nessa altura não se tinha conhecimento do tamanho das partículas. A nanotecnologia científica é relativamente recente na investigação científica, mas os seus principais conceitos e desenvolvimento científico ocorreram durante um período de tempo mais longo.

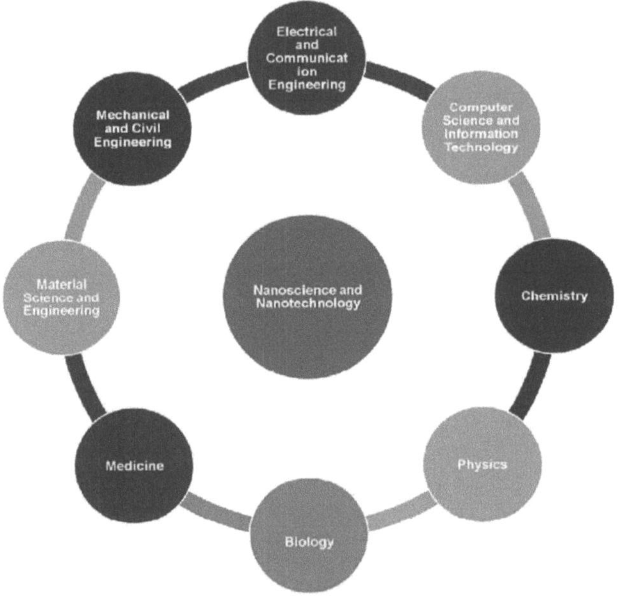

Figura 2. O papel da nanociência e da nanotecnologia na ciência e na engenharia

O aparecimento das nanotecnologias nos anos 80 foi provocado por avanços experimentais como a invenção do microscópio em 1981 e a descoberta dos fulerenos em 1985. Porque, no início da questão, é necessário fornecer os meios de investigação e de diagnóstico.

A primeira molécula de fulereno a ser descoberta (C60) foi sintetizada em 1985 por Richard Smalley, Robert Kerl, James Heath, Sean O'Brien e Harold Croteau na Universidade de Rice. Esta nova ciência ganhou atenção e consciência pública no início dos anos 2000, através da investigação das possíveis consequências da utilização de nano materiais, bem como da viabilidade de aplicabilidade destes compostos. Em 18 de outubro de 2011, a Comissão Europeia adoptou a seguinte definição de nanomateriais: "Uma substância natural, aleatória ou modificada que contém partículas, no estado não ligado ou sob a forma de agregados ou aglomerados e para 50% ou mais das partículas em distribuição numérica de tamanho é uma ou mais dimensões externas na faixa de tamanho de 1nm a 100nm. Em certos casos, e sempre que preocupações ambientais, de saúde, de segurança ou de concorrência o justifiquem, o limiar de 50% de distribuição numérica pode ser ultrapassado através da substituição de um número.

Métodos de fabrico de nanomateriais

Método de engenharia

Os nanomateriais de engenharia são projectados e fabricados por humanos, utilizando equipamento específico, para terem as propriedades necessárias.

Acidental

Os nanomateriais podem ser produzidos de forma não intencional como subproduto de processos mecânicos ou industriais através de métodos de combustão ou evaporação. Os locais onde se encontram mais frequentemente nanopartículas aleatórias incluem os gases de escape dos motores, a fundição, os fumos de soldadura e os processos de combustão resultantes do aquecimento doméstico de combustíveis sólidos e da cozedura. Por exemplo, uma classe de nanomateriais denominada fulerenos é produzida pela queima de gás de biomassa e velas. Além disso, esta categoria de materiais pode ser um subproduto de processos de erosão e corrosão.

Normal

Antes de os seres humanos compreenderem, identificarem e produzirem esta classe de materiais, os sistemas biológicos possuíam frequentemente nanomateriais naturais e funcionais. A estrutura dos foraminíferos (principalmente gesso) e dos vírus (proteína, capsídeo), os cristais de cera que cobrem a folha ou a flor de lótus, as teias de aranha e de ácaros, a cor azul da tarântula, a "espátula" nas solas dos lagartos, as escamas parciais das asas das borboletas, os colóides naturais (leite, sangue), os materiais dos cornos (pele, patas, bicos, penas, chifres, cabelo), o papel, o algodão, os corais, os corais e até a matriz óssea humana estão todos incluídos na categoria dos nanomateriais orgânicos naturais. Para além dos nanomateriais orgânicos, os nanomateriais minerais naturais também se formam através do crescimento de cristais em diversas condições químicas da crosta terrestre.

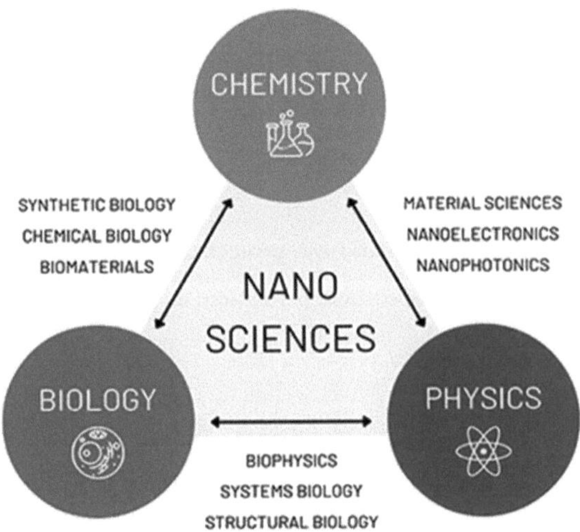

Figura 3. Nanociências

Por exemplo, a argila forma nanoestruturas complexas devido à anisotropia da sua estrutura cristalina subjacente. As actividades vulcânicas podem levar à criação de opala, que é classificada como um material à nanoescala. As nanopartículas na natureza podem ser incêndios florestais, cinzas vulcânicas e decaimento radioativo de gases. Os nanomateriais naturais também podem ser formados através de processos químicos naturais, como a meteorização de rochas metálicas e também em locais de drenagem ácida de minas.

Quais são os tipos de nanomateriais?

Classificação de acordo com o número de nano dimensões

Os nanomateriais são frequentemente classificados com base no número de dimensões que se situam na nanoescala. Uma nanopartícula é uma nanopartícula com as três dimensões externas à nanoescala, e os seus eixos mais longo e mais curto não são muito diferentes. Uma nanofibra tem duas dimensões externas à nanoescala, que incluem nanotubos (nanofibras ocas) e nano-hastes (nanofibras cheias).

Uma nanoplaca ou nanofolha tem uma dimensão externa à nanoescala. Para as nanofibras e nanofolhas, as outras dimensões podem ou não estar à nanoescala, mas devem ser significativamente maiores.

Classificação por fase

Os materiais nanoestruturados são frequentemente classificados com base nas fases da matéria que neles estão presentes. Um nanocompósito é um sólido que contém pelo menos uma fase física ou química distinta ou um conjunto de fases que tem pelo menos uma dimensão nanométrica. Um material nano poroso é um material sólido que contém nano poros, cavidades sob a forma de poros abertos ou fechados numa escala de comprimento inferior a micrómetros. Um material nanocristalino tem uma fração significativa de grãos cristalinos à escala nanométrica.

Materiais nano porosos

Os materiais nano porosos incluem um subconjunto de materiais microporosos e mesoporosos. Os materiais microporosos são materiais porosos com poros de dimensão média inferior a 2 nm, enquanto os materiais mesoporosos são aqueles com poros de dimensão entre 2 e 50 nm. Os materiais microporosos apresentam poros com uma escala de comprimento comparável à das pequenas moléculas. Por este motivo, estes materiais podem ter aplicações valiosas, incluindo membranas de separação.

Nanopartículas

As nanopartículas têm as três dimensões à escala nano. As nanopartículas podem também ser incorporadas num sólido a granel (bulk) para formar um nanocompósito. Uma vez que as nanopartículas são efetivamente uma ponte entre os materiais a granel e as estruturas atómicas ou moleculares, têm merecido muita atenção científica.

Um material a granel (não nanométrico) tem propriedades físicas constantes, mas à nanoescala tal não é frequentemente o caso. Foram observadas propriedades dependentes do tamanho, como o confinamento quântico em partículas semicondutoras, a ressonância plasmónica de superfície em algumas partículas metálicas e a super para magnetização em materiais magnéticos.

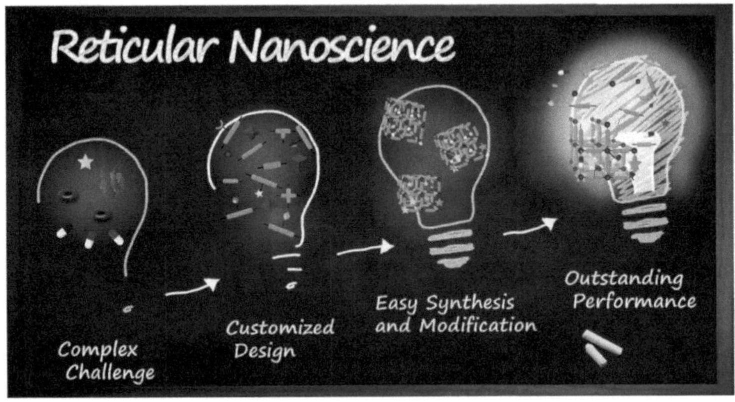

Figura 4. Nanociência reticular

Propriedades das nanopartículas

As nanopartículas têm um conjunto de propriedades especiais em comparação com os materiais a granel e não-nano. Por exemplo, a flexão (a quantidade de flexão) do cobre não nanométrico ocorre com o movimento de átomos ou aglomerados de cobre à escala de 50 nm, mas as nanopartículas de cobre com menos de 50 nm são consideradas materiais ultra-duros que têm uma ductilidade semelhante à do cobre não nanométrico, mas também é importante notar que as alterações nas propriedades nem sempre são desejáveis.

Os materiais ferroeléctricos com menos de 10 nm podem alterar a sua direção de polarização utilizando energia térmica à temperatura ambiente. Por isso, são utilizados para armazenamento. As nanopartículas têm frequentemente propriedades visuais inesperadas porque são suficientemente pequenas para confinar os seus electrões e causar efeitos quânticos.

Por exemplo, as nanopartículas de ouro aparecem em solução de vermelho escuro a preto. A relação entre a área de superfície e o volume das nanopartículas proporciona frequentemente uma enorme força motriz para a difusão, especialmente a altas temperaturas. O processo de sinterização é possível a temperaturas mais baixas e num período de tempo mais curto do que o das partículas maiores. Teoricamente, isto não afecta a densidade do produto final, embora os problemas de fluxo e a tendência das nanopartículas para se aglomerarem compliquem a tarefa. Os efeitos de superfície das nanopartículas também reduzem a temperatura inicial de fusão.

Fulerenos

Os fulerenos são um grupo de alótropos ou metamorfoses do carbono, que são concetualmente folhas de grafeno que se transformam em tubos ou esferas. Esta classe de materiais inclui os nanotubos de carbono (ou nanotubos de silício), que foram considerados tanto pela sua resistência mecânica como pelas suas propriedades eléctricas.

Produção de fulerenos

Um método comum para produzir fulerenos consiste em formar uma corrente elevada entre dois eléctrodos de grafite adjacentes numa atmosfera inerte. O arco de plasma de carbono resultante entre os eléctrodos arrefece e transforma-se num resíduo de fuligem do qual podem ser separados muitos fulerenos.

Nanopartículas à base de metais

Os nanomateriais inorgânicos (como os pontos quânticos, os nanofios e os nano-hastes) podem ser utilizados na optoelectrónica devido às suas propriedades ópticas e eléctricas únicas. Além disso, as propriedades ópticas e electrónicas dos nanomateriais, que dependem do seu tamanho e forma, podem ser ajustadas através de técnicas. É possível utilizar estes materiais em dispositivos optoelectrónicos baseados em materiais orgânicos, tais como células solares orgânicas, OLED, etc. Os princípios de funcionamento destes dispositivos são controlados por processos de indução ótica, tais como a transferência de electrões e a transferência de energia.

As nanopartículas ou nanocristais feitos de metais, semicondutores ou óxidos são de interesse devido às suas propriedades mecânicas, eléctricas, magnéticas, ópticas, químicas e outras. As nanopartículas têm sido utilizadas como pontos quânticos e como catalisadores químicos, nomeadamente catalisadores baseados em nanomateriais. Recentemente, uma vasta gama de nanopartículas tem sido amplamente investigada para aplicações biomédicas, incluindo engenharia de tecidos, administração de medicamentos, bio-sensorização, etc.

Nanoestruturas unidimensionais

Como já foi referido, uma das classificações dos nanomateriais é a classificação de acordo com as suas nano dimensões. As nanoestruturas unidimensionais, os fios de cristal mais pequenos possíveis com uma área de secção transversal tão pequena como um átomo, podem ser formadas num invólucro cilíndrico. Os nanotubos de carbono, uma nanoestrutura natural semi-unidimensional, podem ser utilizados como modelo para a síntese. O confinamento proporciona uma estabilização mecânica e impede a rutura das cadeias atómicas lineares. Prevê-se que outras estruturas de nanofios unidimensionais sejam mecanicamente estáveis mesmo após a separação dos moldes.

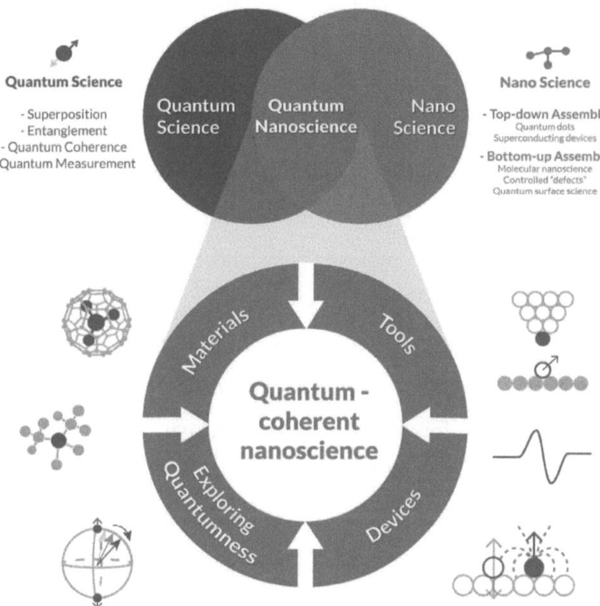

Figura 5. Ciência Quântica

Nanoestruturas bidimensionais

Os materiais bidimensionais são materiais cristalinos que consistem numa camada bidimensional de átomos. As películas finas de espessura nanométrica são consideradas nanoestruturas, mas por vezes os nanomateriais não são considerados porque não existem separadamente do substrato. Por exemplo, a nanoestrutura de grafeno em forma de caixa é um exemplo de nanomateriais tridimensionais.

Esta nanoestrutura é um sistema de várias camadas de nanocanais ocos paralelos, colocados ao longo da superfície e com uma secção transversal quadrangular. A espessura das paredes dos canais é de aproximadamente 1 nm. A largura típica das placas de canal é de cerca de 25 nm.

Quais são as utilizações e aplicações dos nanomateriais?

Os nanomateriais têm infinitas aplicações, que mencionaremos aqui sob a forma de títulos. Em vários processos de produção, são utilizados produtos como tintas, filtros, isoladores e aditivos para lubrificantes. Nos produtos de saúde, são utilizados nanomateriais com propriedades enzimáticas. Trata-se de um tipo emergente de enzima sintética utilizada numa vasta gama de aplicações, tais como bioensaios, bioimagem, deteção de tumores, anti-incrustantes, etc. Podem ser produzidos filtros de alta qualidade utilizando nanoestruturas, que podem remover partículas tão pequenas como um vírus preso no filtro de água.

O biorreactor de membrana com nanomateriais foi recentemente proposto para o tratamento avançado de águas residuais. No domínio da purificação do ar, a nanotecnologia foi utilizada para combater a propagação do vírus MERS nos hospitais da Arábia Saudita em 2012. Os nanomateriais são utilizados em tecnologias de isolamento modernas e seguras para os seres humanos, que no passado eram encontrados em isolamentos à base de amianto. Como aditivo lubrificante, os nanomateriais têm a capacidade de reduzir o atrito em peças móveis.

As peças gastas e corroídas podem ser reparadas com nanopartículas anisotrópicas montadas. As nanopartículas inorgânicas, como o óxido de titânio, são utilizadas em protectores solares para melhorar a proteção contra os raios UV. Outra utilização destes materiais é no sector militar, onde as nanopartículas são utilizadas como pigmentos móveis para criar uma camuflagem mais eficaz. Os nanomateriais também podem ser utilizados em aplicações catalíticas. Na estrutura core-shell (núcleo-casca), os nanomateriais formam uma casca como suporte de catalisador para proteger metais nobres como o paládio e o ródio. A principal função destes materiais é que os suportes podem ser utilizados para transportar os componentes activos do catalisador.

Compra e venda de nano materiais

Muitos produtos químicos disponíveis no mercado são nano dimensionados durante a síntese e produção, ou incluem uma gama de tamanhos de nano a microns.

Vantagens dos nano materiais

Existem muitas propriedades, incluindo propriedades relacionadas com a transferência de electrões, que podem estar presentes em poucas substâncias na natureza ou em materiais sintéticos, mas ao reduzir o tamanho e a dimensão dos materiais e ao converter os materiais em nano dimensões, estas propriedades aparecem neles. Por conseguinte, a nanociência permitiu-nos alcançar propriedades dos materiais que não existiam até agora.

Qual é o papel dos nanomateriais para os seres humanos?

Como sabem, o corpo humano é constituído por diferentes sistemas e órgãos, cada um deles obtido a partir de diferentes tecidos, e todos eles são compostos por células de dimensão muito reduzida. Com o aparecimento da nanociência e a introdução de nanopartículas, nanomedicamentos e nanorobôs nas ferramentas utilizadas pelos seres humanos, muitas doenças e condições celulares foram resolvidas e, ao expandi-las para plantas e animais, os seres humanos colheram um produto de maior qualidade do seu ambiente.

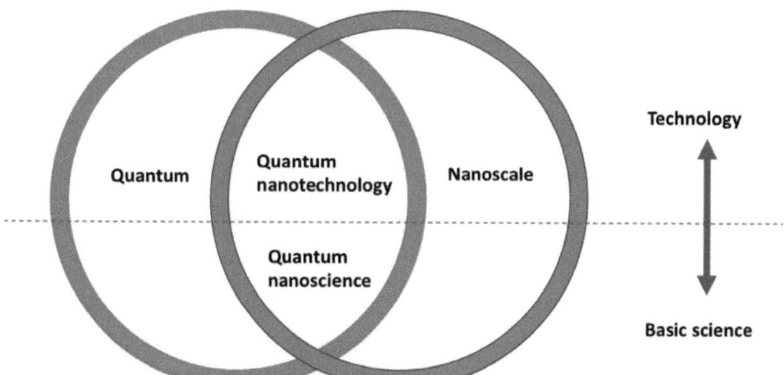

Figura 6. Diferença entre nanotecnologia e nanociência

Possíveis efeitos secundários da utilização de nanomateriais

Diretrizes da Organização Mundial de Saúde

No final de 2017, a Organização Mundial de Saúde publicou orientações sobre a proteção dos trabalhadores contra os possíveis riscos dos nanomateriais fabricados. Apesar da incerteza quanto aos efeitos adversos para a saúde, a exposição aos nanomateriais deve ser reduzida sempre que haja indicações para o fazer. Em geral, podem ser considerados os seguintes pontos.

Avaliação dos riscos para a saúde

Devido ao facto de muitas das propriedades dos materiais à escala nanométrica serem desconhecidas, é sempre obrigatório seguir as diretrizes de saúde e controlo. O contacto físico entre a pele e os nanomateriais deve ser sempre bem controlado e ignorado, exceto em casos terapêuticos e de investigação. No que diz respeito ao contacto destes materiais com os olhos, esta condição está sempre em vigor, e o ponto muito importante é que, devido ao tamanho muito pequeno destes materiais, deve definitivamente usar luvas e óculos de segurança que sejam resistentes a este tamanho e que sejam uma barreira impenetrável para eles.

Em relação à ingestão e inalação destas substâncias, deve ser estabelecido um controlo constante, pois, devido ao pequeno tamanho destas substâncias, podem entrar na boca e no nariz de forma não intencional, o que deve ser tido em atenção. Além disso, observando estas medidas de segurança, as pessoas que lidam com esta categoria de materiais não devem ser expostas a nanomateriais durante muito tempo e devem manter-se afastadas destes ambientes durante um determinado período de tempo, consoante o tipo de material. Para além destes casos, devem ser analisados separadamente outros riscos e caraterísticas importantes que cada substância química apresenta na sua dimensão nanométrica. (Possibilidade de incêndio, alta toxicidade, risco ambiental, etc.)

Quais são os potenciais efeitos ambientais dos nanomateriais?

Como já foi referido, devido à dimensão destas substâncias, a possibilidade de as libertar para o ambiente circundante de forma intencional ou não intencional é muito elevada, pelo que as condições de armazenamento e o seu ambiente de reação devem ser sempre os mesmos. Assim, as condições de armazenamento e o seu ambiente de reação devem ser sempre adequados, de modo a minimizar as fugas destas substâncias para o ambiente. Devido às suas caraterísticas especiais, estas substâncias podem facilmente entrar nas águas correntes e subterrâneas e ser transferidas para outros seres vivos (plantas e animais), perturbando assim a sua saúde e a nossa saúde.

Quadro 1. Panorâmica das aplicações dos nanomateriais

Nanomateriais	Aplicações
Nanocompósitos	As nanopartículas e os nanotubos desempenham um papel importante nos materiais compósitos (um sólido não uniforme composto por dois ou mais materiais). As fibras de carbono e os nanotubos de carbono são utilizados para reforçar e controlar as ligações nos polímeros.
Nano revestimentos e superfícies nanoestruturadas	Os revestimentos com uma espessura de escala nano ou atómica estão a ser amplamente produzidos. A janela auto-limpante é um dos mais recentes produtos produzidos nesta categoria.
Ferramentas de corte mais duras	Os materiais nanocristalinos são utilizados para fabricar ferramentas de corte que são resistentes ao desgaste e têm uma vida útil mais longa.
Nano lubrificantes	Os materiais inorgânicos de nanoesferas são utilizados como lubrificantes. Têm uma vida útil mais longa em comparação com os lubrificantes sólidos convencionais.

Indústria alimentar

As nanopartículas, como a prata misturada com polímeros, são utilizadas para aumentar a qualidade dos materiais de embalagem dos alimentos e, consequentemente, aumentar o prazo de validade dos mesmos. Estes ingredientes fazem com que os alimentos durem mais tempo e preservem o seu sabor. Além disso, as embalagens inteligentes que detectam as alterações biológicas ocorridas nos alimentos são também uma das aplicações importantes da nanotecnologia. A nanotecnologia também desempenha um papel importante na agricultura e na agroindústria. A importância da nanotecnologia no processamento de alimentos pode ser avaliada de acordo com o seu papel na melhoria dos produtos alimentares em termos do seguinte:

- Textura dos alimentos;
- Aspeto dos alimentos;
- O sabor da comida;
- Valor nutricional dos alimentos;
- Prazo de validade dos alimentos.

Eletrónica e dispositivos

Com o avanço da tecnologia, as televisões e os telefones grandes e volumosos foram substituídos por telefones e televisões com estilo. Além disso, com a utilização de nanomateriais como o grafeno, os ecrãs de televisão tornaram-se mais finos, mais leves e de melhor qualidade, consumindo também menos energia.

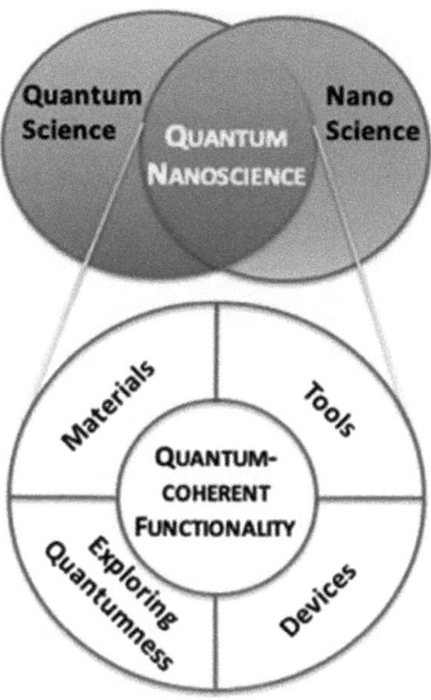

Figura 7. Nanociência quântica

Médico

A nanotecnologia pode trazer grandes avanços no domínio da medicina. Os nano-robôs podem ser enviados para as artérias doentes para remover bloqueios. Vários tratamentos e medicamentos para doenças crónicas como o cancro, tumores cerebrais e outros têm efeitos secundários graves nos doentes. Para ultrapassar este problema, são utilizadas nanopartículas, com a ajuda das quais o medicamento visa apenas as células infectadas, em vez de atingir todo o corpo. Com a ajuda da nanotecnologia, as cirurgias podem ser efectuadas com muito maior rapidez e precisão. Os danos podem ser reparados célula a célula. É mesmo possível curar doenças genéticas através da modificação de genes danificados. A nanotecnologia também pode ser utilizada para melhorar a produção de medicamentos, aumentar a eficácia e reduzir os efeitos secundários dos medicamentos. Além disso, uma vasta gama de nanomateriais é utilizada para aumentar a eficiência dos dispositivos de imagiologia. Em 2021, investigadores da Universidade de Rhode Island, nos Estados Unidos, criaram uma ligadura inteligente que pode detetar infecções em feridas utilizando nanotubos de carbono de parede simples. Os nanotubos podem detetar infecções através da deteção da concentração de peróxido de hidrogénio. O dispositivo vestível em miniatura monitoriza a banda sem fios e transmite dados para um smartphone, alertando o doente ou o prestador de cuidados de saúde se for detectada uma infeção.

Têxteis e tecidos

Para que um tecido possa ser usado em todas as estações, sem rugas e sem odores, são utilizados tecidos com partículas de prata e titânio de tamanho nanométrico. Isto conduziu à produção de tecidos leves, finos e respiráveis. Outras aplicações da nanotecnologia nesta indústria incluem a produção de tecidos anti-manchas e o aumento da sua durabilidade.

Automóvel

A indústria automóvel é outra indústria onde as aplicações da nanotecnologia são evidentes. Os nanocompósitos de polímeros têm sido utilizados em pneus para os tornar mais resistentes ao desgaste. Além disso, a adição de nanopartículas, como as nanoesferas de tungsténio, aos fluidos dos automóveis reforçou as suas propriedades mecânicas.

Equipamentos e artigos desportivos

Com a utilização de nanomateriais, são fabricadas raquetes e bolas de qualidade e, em geral, equipamento desportivo leve e duradouro.

Aumentar a qualidade da água

O aumento da qualidade da água é uma das melhores aplicações da nanotecnologia, na qual são utilizadas nanopartículas especiais em filtros de membrana para melhorar a qualidade da água e remover produtos químicos e resíduos industriais, como o tricloroetileno, da água dos rios e das águas subterrâneas. A utilização da nanotecnologia para a purificação da água é uma abordagem muito eficiente e económica.

Ciência espacial

Outra área em que se podem observar aplicações da nanotecnologia é o domínio da ciência e investigação espacial. Para além do facto de a estrutura externa dos satélites poder ser tornada mais leve e durável com a ajuda destes materiais, grupos de investigadores estão a utilizar nanotubos de carbono para reduzir o combustível das naves espaciais.

Melhorar a qualidade do ar

A diminuição da qualidade do ar tornou-se um problema mundial e, para esse efeito, os nanomateriais são amplamente utilizados. Por um lado, as membranas cobertas com nanomateriais, como o óxido de grafeno, são utilizadas para separar os poluentes do ar. Por outro lado, está a ser feita investigação para aumentar a eficiência dos catalisadores, que podem ajudar a reduzir o efeito dos poluentes no ar, desde as instalações industriais até aos automóveis, aparelhos de ar condicionado, etc. Estes canais feitos de nanopartículas proporcionam uma grande área de superfície para reacções químicas.

Sensores químicos

Utilizando nanomateriais como os nanofios de óxido de zinco, os nanotubos de carbono e as nanopartículas de paládio, foram concebidos vários sensores capazes de detetar até as mais pequenas quantidades de substâncias químicas perigosas. Isto foi possível graças ao melhoramento das propriedades eléctricas destes materiais a nível nano.

Eletrónica e tecnologias da informação

A nanotecnologia tem desempenhado um papel importante no avanço da eletrónica e dos computadores, conduzindo a sistemas portáteis mais rápidos e com capacidade para armazenar grandes quantidades de informação. Neste domínio, foram feitos os seguintes progressos com a ajuda da nanotecnologia:

- Os transístores tornaram-se mais pequenos;
- Memória de acesso aleatório magneto-resistiva (MRAM) incorporada que pode ser facilmente inicializada ou arrancada;
- Os materiais perigosos utilizados nos fusíveis electrónicos foram substituídos por suspensões de nanopartículas de cobre.

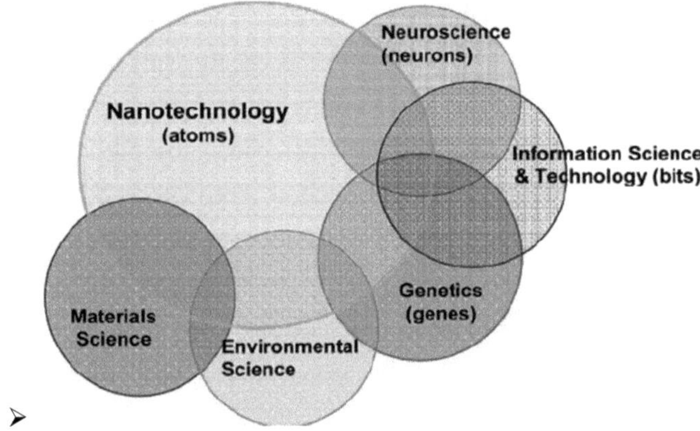

- **Figura 8.** Relação entre a nanotecnologia e outras ciências

Energia

O poder da nanotecnologia melhorou as abordagens energéticas alternativas para satisfazer a procura crescente de energia no mundo. Os cientistas estão à procura de ideias e ferramentas para reduzir o consumo de energia e diminuir a sua carga tóxica no ambiente.

- A nanotecnologia aumentou a eficiência da produção de combustível a partir de matérias-primas petrolíferas com a ajuda de melhores catalisadores;
- Os investigadores estão a utilizar purificadores à base de nanotubos de carbono para separar o dióxido de carbono dos gases de escape das centrais eléctricas;

- As baterias que utilizam nano tecnologia estão a ser desenvolvidas com o objetivo de melhorar o carregamento e a eficiência;
- As pás das turbinas eólicas são feitas com nanotubos de carbono contendo epóxi para aumentar a quantidade de eletricidade produzida pelas turbinas eólicas.

Purificação do ambiente

- A nanotecnologia é utilizada para ajudar a limpar o ambiente e a detetar poluentes;
- A nanotecnologia é utilizada para detetar e purificar as impurezas da água;
- Os engenheiros desenvolveram membranas finas nano porosas para uma dessalinização eficiente em termos energéticos;
- As nanopartículas são também utilizadas para limpar os poluentes industriais da água que se acumulam nas águas subterrâneas;
- Os investigadores criaram nano toalhas que podem absorver 20 vezes o seu peso em óleo e são utilizadas no domínio da limpeza.

Tipos de nano aditivos para lamas de perfuração

Atualmente, têm sido investigadas no mundo várias nanoestruturas para adicionar às lamas de perfuração de poços de petróleo, com o objetivo de melhorar as suas propriedades. De facto, a adição de nanoestruturas confere diferentes caraterísticas às lamas de perfuração, cada uma das quais com vantagens específicas para as operações de perfuração.
De seguida, apresentamos vários tipos de nano aditivos para lamas de perfuração:

- **Nanoargilas**

O primeiro exemplo de nano aditivos são as nano argilas que melhoram as propriedades mecânicas do fluido de perfuração e reduzem a permeabilidade do bolo de filtração. A referida eficácia deve-se ao facto de as nanoargilas serem capazes de aumentar o volume até várias vezes o seu peso e, desta forma, desempenharem um papel importante na redução do volume dos líquidos. Neste processo, as nanoargilas são utilizadas como identificadores de analitos no poço. Uma das empresas petrolíferas mais famosas que utilizou este aditivo na lama de perfuração foi a Aramco, da Arábia Saudita. A análise dos resultados desta utilização mostra que a quantidade de fugas de fluido diminuiu e o comportamento de movimento da lama também melhorou. As nanoargilas têm outras propriedades. Por exemplo, a empresa Baker Hughes utilizou lamas de perfuração para a amostragem de poços, melhorando as propriedades eléctricas e a estabilidade dieléctrica. Além disso, no Laboratório Nacional de Tecnologia da Energia dos Estados Unidos, as nanoargilas foram utilizadas como nanoaditivos em condições de alta pressão e temperatura.

➢ **Nano Bentonite**

O segundo nano aditivo apresentado neste artigo é a nano bentonite. Este material, tal como muitas outras nanopartículas, é utilizado para reduzir a viscosidade do fluido e reforçar a estabilidade do poço. Entre os centros que utilizaram estes materiais na sua investigação para melhorar as propriedades da lama de perfuração, contam-se a China Petroleum University, o Egyptian Petroleum Research Institute e a Plushit University of Oil and Gas da Roménia.

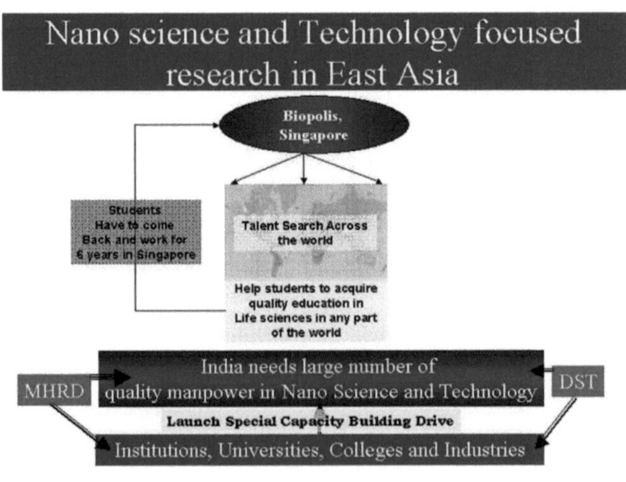

Figura 9. Discurso na inauguração do Conclave Indo-Europeu de Nanotecnologia

- **Nano óxidos metálicos**

O nano óxido metálico é outro nano aditivo eficaz e amplamente utilizado em fluidos de perfuração. Esta nanopartícula pode ser eficaz na melhoria das propriedades mecânicas e reológicas da lama de perfuração. Além disso, esta nanopartícula é utilizada na redução da permeabilidade do bolo de filtração, na redução da viscosidade do fluido, na manutenção das propriedades da lama em condições de alta pressão e temperatura, no aumento da estabilidade do poço, na melhoria das propriedades eléctricas da lama, na prevenção da mistura de lama e cimento de perfuração e na utilização como lubrificante. Os próprios nano óxidos metálicos estão divididos em vários tipos diferentes, que introduzimos os tipos mais utilizados a seguir.

- **Nano-sílica**

A nanossílica pode ser considerada como o aditivo nano mais utilizado na lama de perfuração. As nanopartículas de sílica têm vários efeitos na lama de perfuração. Reduzir a destruição da formação e, consequentemente, melhorar a estabilidade do poço, reduzir o binário e as forças de arrastamento, manter as propriedades da lama de perfuração a alta pressão e temperatura e reduzir a dispersão do fluido são algumas das propriedades e aplicações da nano-sílica.

- **Nano óxido de ferro**

O nano óxido de ferro é outro nano aditivo que desempenha um papel na melhoria das propriedades dos fluidos de perfuração. Este nano óxido metálico reduz o binário e as forças de arrastamento. Além disso, este material pode ser utilizado para reduzir a viscosidade do fluido a alta temperatura e pressão. O nano óxido de ferro tem efeitos positivos no domínio da redução da permeabilidade do bolo de filtração, melhorando as propriedades mecânicas e reológicas da lama de perfuração e reduzindo a quantidade de fluido. Numa investigação conjunta entre a Universidade de Calgary, no Canadá, e a Universidade de Ciência e Tecnologia do Missouri, foi investigada e comprovada a utilização de nanopartículas de óxido de ferro para melhorar as propriedades das lamas de perfuração.

- **Nano óxido de zinco**

O gás sulfureto de hidrogénio é um dos gases venenosos e corrosivos, que tem um efeito negativo e prejudicial no processo de perfuração. Como resultado, um dos processos mais importantes neste domínio é a remoção e separação deste gás da lama de perfuração. Uma das formas eficazes de o fazer é adicionar nano óxido de zinco à lama de perfuração; este nano aditivo ajuda a tornar a separação deste gás do fluido de perfuração mais fácil e rápida.

- **Nano polímeros**

Os nano polímeros devem ser considerados como um dos tipos mais utilizados de nano aditivos para lamas de perfuração. Estes nano polímeros são produzidos em diferentes tipos e acrescentam uma vasta gama de propriedades aos fluidos de perfuração. De acordo com vários relatórios, estes tipos de nanoestruturas podem ser utilizados no domínio da estabilidade do poço, da redução do entupimento da broca com lama, do controlo da fuga de fluido e da redução do binário e da força de arrastamento. Noutra aplicação, a Baker Halliburton utilizou nano polímeros como detetor sensível e seletivo para identificar e determinar a concentração de analitos no poço, bem como para medir a temperatura do poço.

Além disso, num outro estudo, a Universidade de Petróleo e Gás de Plouvist, na Roménia, demonstrou as propriedades dos nanopolímeros na redução das impurezas no fluido de perfuração. Entre os exemplos práticos da utilização destas nanoestruturas, devemos mencionar a China National Oil Company, que utiliza nano polímeros na prática para reduzir a viscosidade do fluido e aumentar a estabilidade do poço a alta temperatura e pressão. De seguida, vamos conhecer sete nanopartículas poliméricas utilizadas na indústria de perfuração.

- **Nanofibras de celulose**

As nanofibras de celulose estão entre os nano polímeros que melhoram o comportamento reológico da lama de perfuração e aumentam a sua estabilidade até 200 graus Celsius. O importante destes polímeros é o facto de manterem a sua estabilidade juntamente com outros aditivos para lamas de perfuração. Finalmente, estes materiais podem reduzir a possibilidade de destruição da formação, para além de melhorarem as propriedades do bolo de filtração.

- **Carboximetilcelulose**

Estes nanopolímeros controlam o comportamento reológico da lama de perfuração, alterando o pH do estado neutro para o estado aberto. Esta caraterística faz com que o nível de fluido seja reduzido e ajuda a aumentar a recuperação de petróleo em poços de petróleo.

- **Polihidroxietilmetacrilato**

O polihidroxietilmetacrilato é utilizado para melhorar o comportamento reológico da lama de perfuração em condições de PH aberto. Neste caso, a nanoestrutura pode reduzir a viscosidade do fluido sob a forma de um nano aditivo. Por último, é interessante saber que esta nanoestrutura foi introduzida pela primeira vez pela Universidade de Petróleo e Gás de Plousit, na Roménia.

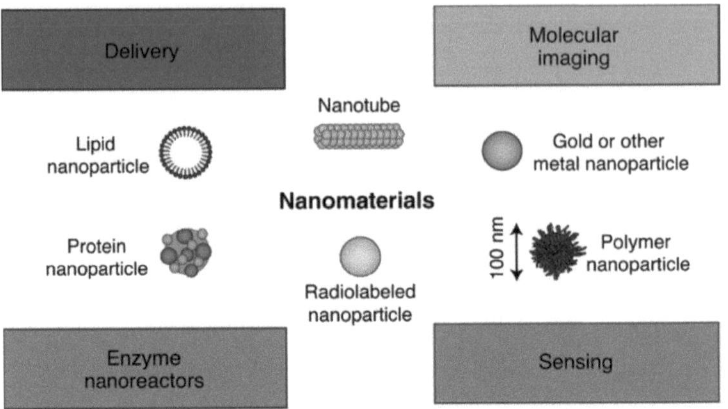

Figura 10. Aproveitamento da nanotecnologia para alargar a caixa de ferramentas da biologia química

- **Poli metacrilato de metilo**

Ao examinar as nanopartículas de metacrilato de metilo e o seu efeito na lama de perfuração, foi comprovado o seu elevado efeito inibidor nos agregados de xisto. A adição destas nanopartículas ao fluido de perfuração provoca uma redução significativa da viscosidade do fluido. O mais importante é que esta nanopartícula pode ser utilizada até uma temperatura de 180 graus Celsius. Esta nanopartícula foi investigada pela primeira vez por investigadores da Universidade de Petróleo do Sudoeste da China.

- **Dendrímeros e polímeros de dendrímeros**

Ao examinar o efeito da utilização de nanoestruturas de dendrímero na lama de perfuração, verificou-se que este material oferece muitas capacidades na lama de perfuração. Estas nanoestruturas, para além de reduzirem significativamente a pressão do fluido, aumentam a estabilidade e a resistência do poço, reduzindo assim o risco de destruição da formação. O importante é que estas nanoestruturas funcionam a alta temperatura e pressão e mantêm a sua funcionalidade. Outra aplicação dos polímeros dendrímeros é a redução do entupimento da broca com lama, a limpeza da broca, a redução das forças de arrasto e de binário e a neutralização do sulfureto de hidrogénio.

- **Polivinilpirrolidona**

Esta nanoestrutura, acima de tudo, desempenha o papel de lubrificante nos fluidos de perfuração. Esta caraterística reduz o efeito das forças de binário e de arrastamento e evita em grande medida o derrame de fluido.

- **Copolímeros de estireno-butadieno**

O efeito desta nanopartícula, tal como o de outras nanopartículas de PVP, provoca uma redução da pressão do fluido e das forças de binário e de arrastamento.

- **Nanoestruturas de carbono**

Este material é um dos nano aditivos mais utilizados na lama de perfuração. Melhorar o coeficiente de transferência de calor, melhorar a estabilidade da lama, melhorar as propriedades reológicas da lama, melhorar as propriedades eléctricas da lama são algumas das alterações que esta nanoestrutura cria na lama de perfuração. Além disso, as nanoestruturas de carbono são utilizadas como pesos de lama, reduzindo a viscosidade do fluido, reduzindo a corrosão do equipamento de perfuração, mantendo as propriedades da lama a alta temperatura e detectores de analitos nos poços. Dois exemplos muito utilizados de nanoestruturas de carbono são os nanotubos de carbono e o grafeno, cujas propriedades e efeitos nas lamas de perfuração continuaremos a investigar.

- **Nanotubos de carbono**

A principal caraterística dos nanotubos de carbono é que, para além da capacidade de reduzir o volume do fluido, é capaz de controlar o peso da lama de perfuração. Além disso, a utilização desta nanoestrutura em condições de alta temperatura e pressão é outra caraterística eficaz desta nanopartícula. A capacidade de mapear poços, aumentar a estabilidade do poço, reduzir o entupimento da lama da broca, reduzir o binário e as forças de arrasto são também outras caraterísticas desta nanoestrutura. Este material é mais utilizado do que outras nanopartículas. Como mostram as estatísticas, as principais empresas petrolíferas de todo o mundo, incluindo as francesas Arkema e Total, a canadiana New Park, a Halliburton, a Saudi Arabia Oil Company, a Baker Hughes, a Schlumberger e a Miswaco, contam-se entre as empresas que confirmaram as capacidades desta nanopartícula.

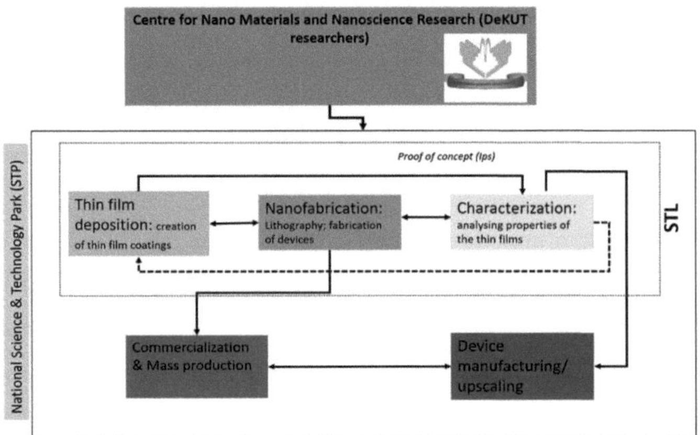

Figura 11. Centro de Investigação em Nanomateriais e Nanociências

➢ Grafeno

O grafeno é outra nanoestrutura de carbono que é utilizada na indústria de perfuração de poços. Este material tem propriedades semelhantes às de outras nanopartículas. Desempenhos como a redução da viscosidade do fluido, o aumento da estabilidade do poço, a redução da quantidade de lama que obstrui a broca, a melhoria das propriedades eléctricas da lama de perfuração, a melhoria das propriedades dieléctricas da lama de perfuração, o aumento das propriedades reológicas do fluido e, finalmente, o aumento da estabilidade da lama estão entre as propriedades comprovadas do grafeno. Numa investigação conjunta realizada pela Universidade de Rice, a Misoaku Company e o Nano Science and Technology Institute, foram comprovados os benefícios da utilização do grafeno para melhorar as propriedades da lama de perfuração.

Tipos de nano aditivos de carbonato de cálcio

Pela primeira vez, os investigadores da Universidade de Calgary e também os investigadores da Universidade Romena de Petróleo e Gás, Plevisht, utilizaram estas nanopartículas como um nano aditivo na lama de perfuração. Esta nanopartícula também tem propriedades semelhantes, como o aumento da estabilidade do poço e a redução da viscosidade do fluido. Nanocompósito, nanoemulsão, nanohidróxido e nano-super magnetismo estão entre as nanopartículas de carbonato de cálcio, que analisaremos brevemente a seguir.

- **Nano compósito**

O nanocompósito é uma das nanoestruturas amplamente utilizadas na lama de perfuração e é normalmente utilizado como lubrificante para reduzir o binário e as forças de arrastamento, manter as propriedades da lama de perfuração em condições de alta temperatura e pressão, reduzir a viscosidade do fluido e aumentar a estabilidade do poço.

- **Nanoemulsão**

As nanoemulsões são também adicionadas à lama de perfuração com o objetivo de reduzir a dispersão do fluido, reduzir a destruição da formação devido à penetração do fluido na parede do poço, reduzir o entupimento da lama de perfuração e também reduzir o binário e as forças de arrastamento.

- **Nano hidróxido**

As nanopartículas de hidróxido de ferro também podem ser adicionadas à lama de perfuração para reduzir a viscosidade do fluido e aumentar a estabilidade. Esta caraterística foi identificada e registada pela primeira vez na investigação de investigadores da Universidade de Calgary, no Canadá.

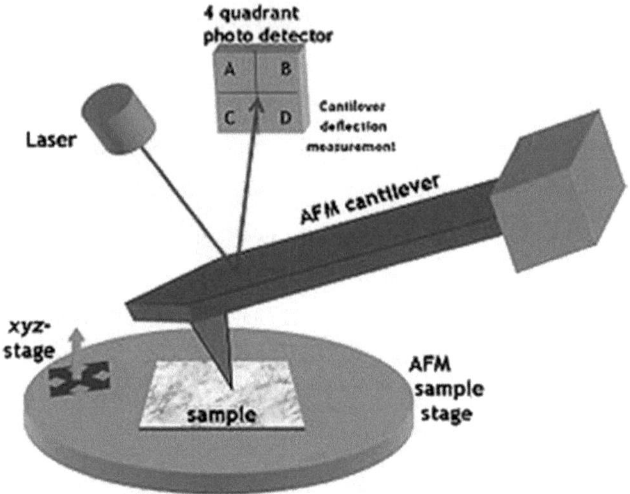

Figura 12. Nanotecnologia

Aplicações de nanofluidos na indústria automóvel

No sector automóvel, há duas áreas principais em que os nanofluidos são utilizados. Estas duas áreas são os lubrificantes enriquecidos com nanopartículas e os líquidos de refrigeração (em sistemas de radiadores arrefecidos a ar), que tiram partido das propriedades eficazes de transferência de calor de diferentes tipos de nanofluidos. Os lubrificantes são utilizados em toda a indústria automóvel, desde os sistemas de travagem aos motores. Uma vez que estes nanofluidos são utilizados em ambientes de utilização intensiva de energia, devem ser capazes de suportar temperaturas elevadas e tensões de corte.

Os nanofluidos que contêm nanopartículas estão disponíveis comercialmente em óleos lubrificantes de base e (em comparação com os fluidos de base puros) reduzem o desgaste no sistema. Proporcionam propriedades de lubrificação melhoradas (em que as peças mecânicas se movem mais suavemente nas nanopartículas) e propriedades de transferência de calor (em que o excesso de calor gerado no lubrificante é efetivamente dissipado do sistema mecânico).

A segunda caraterística ajuda a aumentar a vida útil do sistema de fluido de base e do sistema mecânico devido à degradação térmica ao longo do tempo.

Outra aplicação dos nanofluidos neste domínio é a sua utilização como líquido de arrefecimento em alguns sistemas de radiadores utilizados em motores de automóveis. Os motores dos automóveis geram um excesso de calor durante os processos de combustão do combustível e este calor tem de ser removido e, subsequentemente, os motores são arrefecidos. Se isso não for feito, o motor sobreaquecerá e causará danos dispendiosos e a longo prazo no motor, nos lubrificantes utilizados e nas peças metálicas à sua volta.

Em muitos motores, o líquido de arrefecimento do automóvel, constituído por etilenoglicol e água, é utilizado para absorver o calor do motor antes de passar pelo radiador de ar, onde o líquido é arrefecido. Os nanofluidos surgiram recentemente como um fluido que pode ser utilizado em vez destas misturas e que pode beneficiar de propriedades de transferência de calor muito melhores do que a situação atual. Os motores automóveis estão a tornar-se mais potentes de ano para ano e muitos fluidos de arrefecimento estão a tornar-se menos eficientes, pelo que os nanofluidos estão agora a ser considerados como uma via potencial para melhorar a capacidade de arrefecimento do motor, contribuindo simultaneamente para uma melhor economia de combustível. Além disso, são utilizadas menos emissões de óxido nitroso produzidas por um motor mais eficiente.

Ao contrário de muitos fluidos à base de água, os nanofluidos à base de óleo também podem ser utilizados para remover o calor dos componentes electrónicos no interior do motor e de todo o automóvel; porque estes componentes são um outro domínio do automóvel, que são mais comuns do que nunca nos automóveis actuais. Todas estas mudanças no automóvel significam que devem ser encontrados novos fluidos de arrefecimento para satisfazer as necessidades do motor, e os nanofluidos parecem ser uma resposta potencial.

Capítulo II

Nanomecânica

A nanomecânica é um ramo da nanociência que estuda a aplicação das propriedades físicas mecânicas (tração, térmica e cinética) dos sistemas físicos à escala nanométrica. Este nanoproduto surgiu no conjunto da mecânica clássica, da física do estado sólido, da mecânica estatística, da ciência dos materiais e da química quântica.

A nanomecânica é um ramo da nanociência moderna que examina as caraterísticas mecânicas fundamentais do sistema, como a elasticidade, o calor e a sobreposição de componentes à escala nanométrica. A nanomecânica é um ramo da nanociência que estuda a aplicação das propriedades físicas mecânicas (tração, térmica e cinética) dos sistemas físicos à escala nanométrica. A nanomecânica surgiu no conjunto da mecânica clássica, da física do estado sólido, da mecânica estatística, da ciência dos materiais e da química quântica.

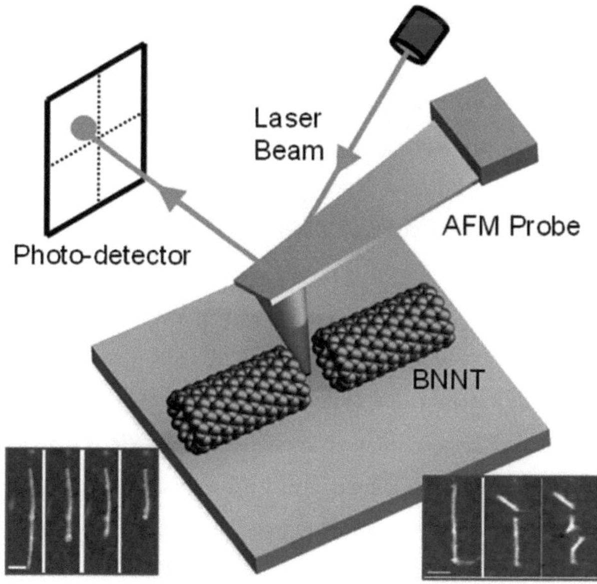

Figura 13. Laboratório de nanomecânica

Enquanto domínio da nanociência, a nanomecânica constitui a base científica da nanotecnologia. Frequentemente, é tida em consideração a nanomecânica como um ramo da nanotecnologia, ou seja, um domínio aplicado centrado nas propriedades mecânicas de nanoestruturas e nanofios artificiais (sistemas com importantes componentes nanomateriais). Exemplos destas nanopartículas incluem: Nano pó, nanofios, nano hastes, nano chips, nanotubos, incluindo CNTs e nanotubos de nitreto de boro, nano conchas, nano membranas, nano revestimentos, nanocompósitos/materiais nanoestruturados (líquidos com nanopartículas dispersas); Alguns campos bem estabelecidos da nano mecânica incluem: Nano turbologia (fricção, revestimento e mecânica de contacto em nanomateriais), sistemas nanoelectromecânicos e nanofluidos. Os nanofluidos são uma nova classe de aplicações líquidas na transferência de calor baseadas na nanotecnologia, que são obtidas por dispersão e estabilidade de nanopartículas com dimensões típicas inferiores a 10 nm.

O termo nanofluido (Suspensão Líquida de Nanopartículas) foi cunhado por Choi (1995) para descrever esta nova classe de aplicações de fluidos na transferência de calor baseada na nanotecnologia com propriedades térmicas acrescidas, ambas superiores às propriedades dos seus fluidos hospedeiros e das partículas convencionais.

O objetivo do nanofluido é obter as propriedades térmicas mais elevadas possíveis na menor concentração possível (de preferência <1% em volume) através da dispersão uniforme e da suspensão estável de nanopartículas (de preferência <10 nm) em líquidos hospedeiros. Para atingir este objetivo, é fundamental compreender de que forma as nanopartículas melhoram a transferência de energia nos fluidos. As propriedades térmicas dos nano campos levaram à criação de novos modelos matemáticos para nano fluidos, identificando oportunidades invulgares para a produção de refrigeradores da próxima geração, tais como refrigeradores inteligentes para computadores e refrigeradores seguros para reactores nucleares.

Em que se baseia a estrutura da nano-mecânica?

A nanomecânica resulta da combinação da mecânica clássica, da física do estado sólido, da mecânica estatística, da ciência dos materiais e da química quântica. Os princípios utilizados na nano-mecânica incluem basicamente os princípios da mecânica geral, que incluem o seguinte:

- ❖ Princípios da conversão do momento e da energia;
- ❖ Princípios da mecânica hamiltoniana;
- ❖ Princípios de simetria.

No entanto, devido à pequenez do problema da física, coisas como

- ❖ Discretização da forma investigada quando as dimensões do objeto são significativas em comparação com as distâncias interatómicas;
- ❖ O grande número de graus de liberdade do corpo;
- ❖ A importância das perturbações térmicas;
- ❖ A importância dos efeitos de entropia;
- ❖ A importância dos efeitos quânticos também é investigada.

Qual é o objetivo da nano-mecânica?

A nanomecânica centra-se nas propriedades mecânicas de nanossistemas e nanoestruturas de engenharia. Estes sistemas incluem os seguintes:

- ➢ Nanopartículas;
- ➢ Nano pós;
- ➢ Nano hastes (Nanowire);
- ➢ Nano hastes;
- ➢ Nanotubos de carbono (Carbon Nanotubes);
- ➢ Nanotubos de nitreto de boro;
- ➢ Nano conchas (Nano shell);
- ➢ Nano motores.

Quais são as utilizações da nano-mecânica?

Algumas das áreas amplamente utilizadas da nanomecânica incluem as três áreas seguintes, que explicaremos separadamente.

- ❖ Nanofluidos;
- ❖ Nano tribologia;
- ❖ Os nanossistemas são electromecânicos.

Nano tribologia

Se comprou um carro que não precisa de adiar o óleo ou a massa lubrificante durante 10 anos, este carro utiliza óleo e massa lubrificante feitos de nano materiais. A principal tarefa dos nanolubrificantes é reduzir a fricção e a corrosão das peças com maior durabilidade e eficiência.

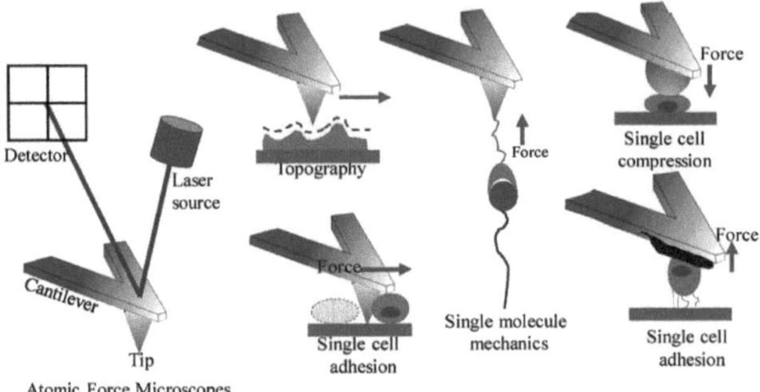

Figura 14. O papel da nanomecânica nos cuidados de saúde

A entrada destes artigos no mercado irá provocar muitas alterações. A tribologia é o estudo da interação entre a superfície e o movimento. A fricção, a lubrificação e o desgaste são verificados neste ramo. A tribologia é um domínio interdisciplinar da engenharia mecânica e da ciência dos materiais que foi introduzido em 1964 pelo físico britânico David Tabor como uma das ciências e conhecimentos modernos da época. A nano tribologia é um ramo da tribologia que estuda os fenómenos de fricção à escala nanométrica, e a principal diferença entre as duas é, na verdade, o envolvimento de forças atómicas na determinação do comportamento final do sistema. O objetivo final da nano tribologia é conseguir lubrificantes que nunca precisem de ser substituídos ou reparados.

Nano sistemas electromecânicos

No final dos anos 50, um físico chamado Richard Feynman chamou a atenção do público para esta questão, oferecendo uma recompensa de 1000 dólares à primeira pessoa que construísse um motor elétrico com menos de

2,54 cm. E depois de muitas horas de tédio, ele conseguiu fazê-lo com uma pinça de mão e um microscópio.

O trabalho iniciado por Feyman deu efetivamente início a um grande fluxo de conhecimentos que conduziu aos sistemas microelectromecânicos e depois aos sistemas nanoelectromecânicos (NEMS). O principal objetivo da nanoelectromecânica é fabricar equipamento com funções eléctricas e mecânicas em dimensões nanométricas. Os NEMS são o nível avançado miniaturizado dos dispositivos MEMS. Incluem vários dispositivos, como sensores, actuadores, actuadores e muitos outros nanodispositivos. As diferentes propriedades dos dispositivos baseados em NEMS, incluindo a elevada potência eléctrica, tornam-nos únicos. Prevê-se que o valor do mercado global de NEMS aumente para 108,88 milhões de dólares até 2022, com uma taxa de crescimento anual (CAGR) de 29,69%.

Engenharia mecânica e nanotecnologias

Segundo ele, a aplicação de nano em engenharia mecânica inclui: Medição ótica, nano fluidos, superfícies hidrofóbicas, fabricação de materiais com propriedades direcionais e fabricação de chips em nano dimensões. Os nano materiais com a capacidade de não sofrerem perturbações são bem estabilizados no fluido de trabalho e alteram as suas propriedades. A aplicação de nanofluidos depende do tipo de aplicação laboratorial e, por vezes, são utilizados vários fluidos em simultâneo, conhecidos como nanofluidos híbridos. Normalmente, ao adicionar metais ao fluido, o coeficiente de transferência de calor aumenta, o que é igual ao aumento da eficiência.

À medida que a percentagem volumétrica de nano no fluido aumenta, o coeficiente de transferência de calor também aumenta. Mas há dois grandes problemas a este respeito, o primeiro dos quais é a questão da estabilização da solução contendo nano, o fluido torna-se irregular em algum ponto, e com o aumento da força de cisalhamento, o bombeamento pela bomba ocorre com menos eficiência. A seguir, o elevado custo de produção e construção de aplicações laboratoriais. A transferência de calor é a primeira opção na aplicação de nanomateriais. A lubrificação em rolamentos utilizando outros nano materiais é uma opção importante na aplicação de nano em mecânica. Desde 2000, milhares de artigos foram produzidos no domínio da nano e da mecânica.

Superfícies hidrofóbicas

Mohammad Ali Fakhri explicou ainda: A natureza inspirou o interesse das comunidades científicas para investigar os níveis de hidrofobicidade e simulá-los em trabalhos científicos, desde plantas a animais. As superfícies dividem-se em quatro categorias: Ultra-hidrofóbicas com um ângulo de contacto inferior a 10 graus, hidrofílicas com um ângulo inferior a 90 graus, hidrofóbicas com um ângulo superior a 90 e ultra-hidrofóbicas com um ângulo superior a 150.

O primeiro passo para a criação de superfícies irregulares é a utilização de tecnologias como o laser (para fins de investigação), a litografia (limitada a pequenas obras devido ao seu elevado custo), o método de plasma, o revestimento de sorriso, a anodização e a pulverização de nanopartículas na superfície do rosto. Para correção, o seu nível de energia é reduzido de modo a que a água não adira a ele. Nesta discussão, primeiro as nanopartículas são hidrofóbicas e depois são pulverizadas na superfície desejada.

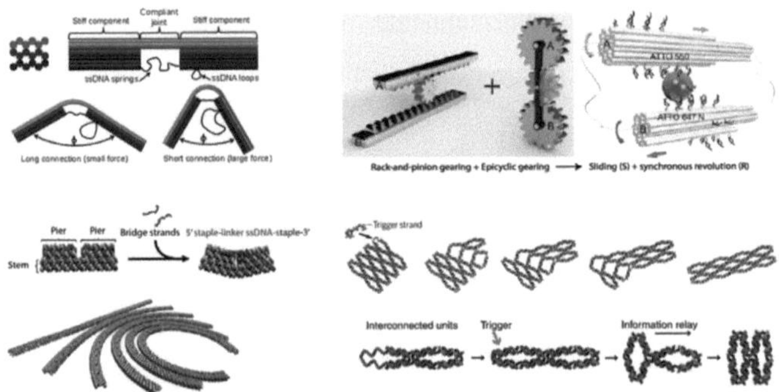

Figura 15. Nano-mecânica implementada por nanoestruturas de ADN

Estudante da Universidade de Tecnologia de Sharif, salientando que as superfícies hidrofóbicas têm propriedades de auto-limpeza (utilização especial em painéis solares), anti-congelamento, anti-deposição e anti-corrosão, sendo as três utilizadas em indústrias técnicas como a construção naval (utilizada devido à salinidade da água do mar e à falta de aderência) reduzem o arrastamento, acrescentou: No seu projeto, examinou a última questão.

O mundo da matemática no nano espaço

A nanociência e a nanotecnologia representam uma passagem para um novo mundo. Viajar até à terra dos átomos e das moléculas promete efeitos sociais surpreendentes: nas ciências básicas, nas novas tecnologias, na engenharia e na conceção da produção, na medicina e na saúde, e na educação.

As grandes previsões no domínio das novas descobertas, dos desafios, da compreensão dos conceitos, mesmo a forma e o conteúdo do tema são ainda nebulosos e misteriosos. Que papel desempenhará a matemática na arquitetura do nano puzzle? Todos concordam que os grandes avanços exigem interações entre engenheiros, geneticistas, químicos, físicos, farmacêuticos, matemáticos e informáticos. O fosso entre a ciência e a tecnologia, entre o ensino e a investigação, entre a universidade e a indústria, entre a indústria e o mercado afectará a coleção. Existem razões suficientes baseadas na interface entre sistemas clássicos e culturas.

Esta revolução científica e tecnológica é única. Isto significa que, não só na dimensão científica, mas também noutras dimensões, temos de prever e predizer as infra-estruturas fundamentais com a máxima flexibilidade face às mudanças. O conhecimento da matemática é considerado como a linha da frente da ciência. A caraterística óbvia da matemática na nanociência é o "cálculo científico". A computação científica é uma tecnologia que tem sido proposta como uma tecnologia revolucionária. Cálculos científicos durante a interpretação de experiências, preparação de previsões à escala atómica e molecular com base na teoria quântica e nas teorias atómicas.

Como a matemática é a linguagem da ciência, a computação é uma ferramenta geral da ciência e um catalisador para interações mais profundas entre a matemática e a ciência. Uma equipa de computação discute o seu modelo, o efeito dos seus cálculos e a sua compatibilidade com a realidade. O "cálculo" é a interface entre a experiência e a teoria. Uma teoria e um modelo matemático são pré-requisitos para os cálculos, e uma experiência é a única parte válida de qualquer teoria, modelo e cálculo.

Os modelos matemáticos são pilares que conduzem à fundação da ciência e das teorias preditivas. Os modelos são relações fundamentais nos processos científicos e, muitas vezes, a modelação e os cálculos não são suficientemente enfatizados nos sistemas educativos. Um modelo matemático baseia-se na formulação de equações e desigualdades de princípios fundamentais, e o modelo está envolvido na compreensão total das complexidades do problema, como o equilíbrio de massa, momento e energia. São permitidas aproximações em qualquer sistema físico real, para tornar o modelo numa forma solucionável. Agora o modelo pode ser resolvido "analiticamente" ou "numericamente". Neste caso, a modelação matemática é um processo complexo, porque tem de mostrar precisão e eficiência ao mesmo tempo.

Na nanociência e na nanotecnologia, a modelização desempenha um papel central, especialmente quando se pretende controlar o desempenho macroscópico dos materiais através da conceção à escala atómica e molecular, em condições em que os graus de liberdade são elevados. A modelação matemática é uma necessidade neste ambiente nebuloso. A interpretação dos dados laboratoriais é uma necessidade absoluta. A modelização matemática é também necessária para orientar, interpretar, otimizar e justificar os comportamentos laboratoriais. Um modelo eficaz encurta o caminho para novos produtos, novos conhecimentos comportamentais e é um corretor inteligente que aprende com os resultados anteriores.

A modelação não é apenas uma caraterística única da matemática, mas também uma ponte para diferentes culturas científicas. A teoria desempenha um papel central em todas as fases do desenvolvimento científico, avaliando a sensibilidade do modelo às condições do processo físico e assegurando que as equações e algoritmos computacionais são compatíveis com as condições de controlo laboratorial, o que constitui um desafio importante. Em última análise, a teoria tende a definir os resultados e a compreensão física do sistema e, frequentemente, não é necessário desenvolver uma nova matemática para compreender o comportamento.

A análise das teorias existentes é valiosa e acontece frequentemente. Por vezes, os modelos são semelhantes a sistemas conhecidos que têm um elevado rigor matemático, mas no espantoso mundo da nano, modelos diferentes e novos criam sérios desafios ao conhecimento da matemática.

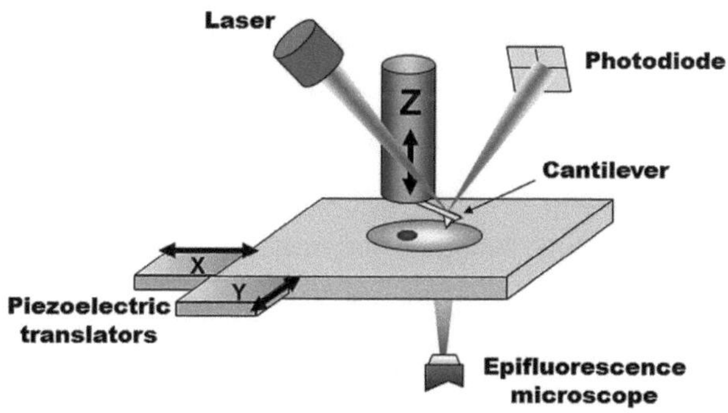

Figura 16. Nano-mecânica baseada em AFM

Novas teorias acontecem em escalas de tempo imprevisíveis e teorias poderosas são formadas em padrões profundos. São necessários atalhos básicos para que a simulação possa ser efectuada: O design à escala atómica e molecular, o controlo e a otimização do desempenho de materiais e ferramentas e a eficiência da simulação do comportamento natural são alguns dos desafios mais importantes.

Estes desafios prometem interações completas entre diferentes áreas da matemática. Os efeitos sociais destes desafios serão muitos e variados. Os benefícios resultantes da ocupação de matemáticos activos serão um equilíbrio com os principais desafios no domínio do desenvolvimento de infra-estruturas matemáticas, mudanças na estrutura da educação matemática, incluindo os efeitos da entrada da matemática no maravilhoso mundo da nano.

A comunidade matemática precisa de ser reformada: As teorias fundamentais, a matemática interdisciplinar e a matemática computacional, e a educação matemática. Que domínios abrangerá a matemática? Os principais algoritmos nos domínios da matemática aplicada e computacional, da informática, da física estatística, desempenharão um papel central e intermédio no domínio da nano.

Nanopartículas em permutadores de calor

A nanotecnologia é uma ciência e uma tecnologia que tem atraído muita atenção nos últimos tempos. Esta tecnologia, que constitui uma nova abordagem em todos os domínios, tem a capacidade de produzir manualmente novos materiais, ferramentas e sistemas aos níveis atómico e molecular. Atualmente, o campo de aplicação desta tecnologia nas ciências médicas, na tecnologia biológica, nos materiais, na física, na mecânica eléctrica, na eletrónica e na química é tão vasto que pode ser considerado como uma das grandes revoluções científicas do mundo. Esta tecnologia é referida como a revolução industrial e científica do século XXI. Quase 40% de todas as empresas activas no domínio dos materiais nanoestruturados estão envolvidas na produção ou no consumo de nanopartículas.

Condutividade térmica em nanopartículas

O estudo da condutividade de nanopartículas individuais é muito difícil porque não existem as ferramentas e o equipamento necessários para o efeito. Normalmente, o comportamento condutor destas partículas é investigado sob a forma de conjuntos regulares que são colocados em conjunto. Para este efeito, é necessário distribuir nanopartículas com dimensões específicas dentro de um líquido ou polímero.

Um comportamento semelhante foi observado relativamente à condutividade térmica das nanopartículas. Para estudar o comportamento neste caso, as nanopartículas são distribuídas dentro de um líquido ou polímero. A operação de aquecimento é efectuada por um feixe de lasers pulsados com uma constante de tempo muito baixa (inferior a um picossegundo). Estudos demonstraram que a constante de tempo de arrefecimento das partículas depende muito do seu tamanho. O efeito das nanopartículas de óxido de alumínio no fluido de base no sistema de transferência de calor do permutador de calor de dois tubos

Esta investigação foi realizada com o objetivo de estudar o coeficiente de transferência de calor por deslocamento de nanopartículas de óxido de alumínio suspensas em óleo de permutador de calor que flui num permutador de calor de dois tubos em regime de fluxo. As nanopartículas provocaram um aumento significativo do coeficiente de transferência de calor. Embora o coeficiente de condutividade térmica do óxido de alumínio seja muito elevado, tem uma condutividade térmica muito mais elevada do que o fluido de base.

As nanopartículas testadas apresentaram boas propriedades térmicas. Uma das possíveis razões para o aumento da transferência de calor das nanopartículas pode ser a elevada densidade de nanopartículas na camada limite térmica no lado da parede devido ao fenómeno de migração das partículas.

A fim de compreender melhor o aumento da transferência de calor das nanopartículas, foram também propostas novas relações experimentais para as nanopartículas de óleo conversor de óxido de alumínio. A adição de partículas sólidas ao fluido de transferência de calor é uma das formas úteis de aumentar as propriedades de transferência de calor. No entanto, a utilização de partículas grosseiras de tamanho micrométrico e milimétrico tem causado problemas como a corrosão, o bloqueio de canais, as elevadas quedas de pressão e a sedimentação de partículas.

Em comparação com o aumento da transferência de calor causado por grandes partículas em suspensão, a utilização de nanopartículas no fluido de base apresenta melhores propriedades térmicas. Normalmente, as partículas de tamanho nanométrico são utilizadas em concentrações muito baixas, o que evita que as partículas se fixem no fluxo e bloqueiem os canais.

Deste ponto de vista, foram efectuados estudos no domínio da transferência de calor de nanopartículas. Desde que se observou um aumento da transferência de calor, foram feitos outros esforços para compreender melhor as alterações do coeficiente de transferência de calor nos permutadores de calor, o coeficiente de transferência de calor das nanopartículas com uma densidade volumétrica de partículas muito baixa é muito superior ao do fluido de base.

Por outro lado, as alterações do coeficiente de atrito e da gravidade do fluido são muito reduzidas. Apesar do elevado potencial das nanopartículas, estamos ainda no início da investigação e sente-se a necessidade de mais investigação sobre o efeito das nanopartículas na transferência de calor de fluidos.

A este respeito, parece necessário obter dados experimentais para fluidos que contenham diferentes tipos de partículas de dimensão nanométrica. Além disso, existem outros factores importantes, como a estrutura e a forma da superfície das nanopartículas, a distribuição irregular das partículas e o movimento das nanopartículas no fluxo, que desempenham um papel importante na transferência de calor das nanopartículas.

É evidente que são necessários mais estudos e investigação para prever corretamente as propriedades de transferência de calor das nanopartículas. Foram construídos vários equipamentos de laboratório para medir o coeficiente de transferência de calor de fluidos contendo partículas nanométricas. Foram também efectuadas análises experimentais do efeito das nanopartículas de óxido de alumínio na transferência de calor de permutadores de calor de tubo duplo.

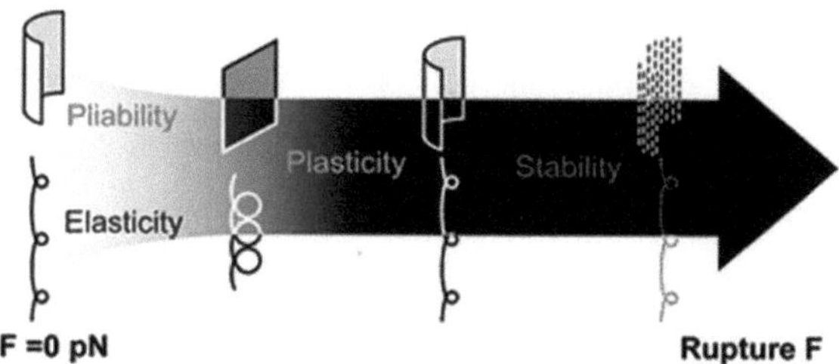

Figura 17. Nano-mecânica do origami de ADN

As partículas de óxido de alumínio têm amplas aplicações, como revestimento, catalisador e absorvente. Consiste em dois permutadores de calor de tubo duplo, um para arrefecimento e outro para nanopartículas, uma bomba de circulação, um tanque de armazenamento de solução e um dispositivo de medição do fluxo de massa. A parte de teste é constituída por um tubo de aço inoxidável (SS304) com um comprimento de 5 metros, um diâmetro interno de 0,00635 metros e um diâmetro externo de 0,0127 metros. Todos os componentes dos permutadores de calor de dois tubos são feitos de aço inoxidável resistente à corrosão com uma espessura de um milímetro.

Oito termopares do tipo k são colocados na entrada e na saída dos tubos de água quente e de nanopartículas. A água quente é considerada como fluido quente e as nanopartículas como fluido frio. Antes de as nanopartículas entrarem na área de ensaio, a temperatura e o caudal são controlados utilizando um banho de água fria e uma válvula de derivação instalada à saída da bomba. Todas as temperaturas e caudais medidos por termopares e medidores de caudal são armazenados através de um sistema de registo de dados informatizado.

O papel da nanotecnologia na melhoria do desempenho das instalações mecânicas

Um dos principais objectivos dos sistemas de instalações é proporcionar condições de conforto humano em diferentes ambientes habitacionais e elevar a temperatura e a humidade do ambiente ao nível do conforto humano.

Estes sistemas, incluindo equipamentos de produção, troca e transferência de calor, são todos responsáveis por proporcionar o conforto térmico do ambiente de vida humano. Entretanto, os permutadores de calor transferem energia térmica de um fluido interno em movimento para outro fluido, normalmente externo.

Esta troca de calor é normalmente efectuada através de um condutor de interface sólido cuja relação superfície/volume é muito eficaz neste processo. É aqui que o processo nano vem em nosso auxílio e as abordagens baseadas em nano ajudam a melhorar a condutividade térmica dos materiais separadores. Desta forma, é possível obter uma maior capacidade térmica e uma transferência de calor mais eficiente. Além disso, os nanofluidos e as nanopartículas suspensas no fluido intersticial também podem aumentar a qualidade da capacidade térmica do sistema. Um dos equipamentos que pode ser considerado como fruto deste novo processo são os tubos de calor.

Um tubo de calor é um dispositivo que pode transferir rapidamente grandes quantidades de calor entre uma fonte quente e uma fonte fria. Estes tubos são um dos equipamentos responsáveis pela transferência ou dissipação de calor em diferentes sistemas. O mecanismo de transferência de calor destes tubos selados é efectuado através do ciclo repetido de evaporação e condensação para transferir calor de uma extremidade para a outra extremidade dos tubos.

Mas o que é que acontece dentro destes tubos? No interior destes tubos existe um líquido e uma substância com efeito capilar, para além disso, existe vácuo em alguns destes tubos. O mecanismo de ação destes tubos é que, quando o calor é absorvido, o líquido é absorvido deste lado do tubo e a energia térmica é libertada através da condensação no outro lado do tubo. De seguida, o material do pavio regressa ao primeiro local através do capilar, tal como o material condensado. Por outras palavras, o líquido refrigerante saturado transforma-se em vapor saturado ao receber o calor latente da evaporação.

O vapor resultante é transferido para a outra extremidade do tubo de calor devido à diferença de pressão e, nesta área, devido à frieza do ar, perde o seu calor latente de evaporação e é destilado. O líquido saturado resultante é devolvido à parte inicial através de uma estrutura de mecha com propriedades capilares, e a repetição deste ciclo térmico é efectuada continuamente da zona quente para a zona fria.

Como esperado, o processo de mudança de fase, ou seja, a transformação de materiais de um estado (líquido-sólido-gás) para outro, é o coeficiente de transferência de calor mais elevado, e esta expetativa tornou-se uma realidade prática em numerosas experiências. Estes tipos de tubos são também utilizados em diferentes tamanhos e também sob a forma de placas repelentes de calor. Estes tamanhos variam de micro dimensões a dimensões muito grandes.

Os nanofluidos, com as suas propriedades únicas de transferência de calor, contribuem para a melhoria funcional destes tubos. Os nanomateriais afectam a qualidade e o desempenho dos tubos de três formas. 1- Através do aumento da condutividade térmica das paredes dos tubos. 2- Alterando as propriedades do líquido no interior do tubo. 3- Melhorando a capilaridade do pavio no interior do tubo.

Vale a pena mencionar que as nanopartículas suspensas no líquido também podem aumentar a qualidade do líquido dentro dos tubos como um aditivo. Além disso, deve acrescentar-se que a resistência à tração 100 vezes superior à do aço, a condutividade térmica comparada com a de outros compostos, exceto o diamante puro, a condutividade eléctrica muito elevada, a capacidade de transportar corrente superior à do cobre, o momento magnético muito grande e a capacidade de emitir e absorver luz são algumas das caraterísticas proeminentes dos nanotubos.

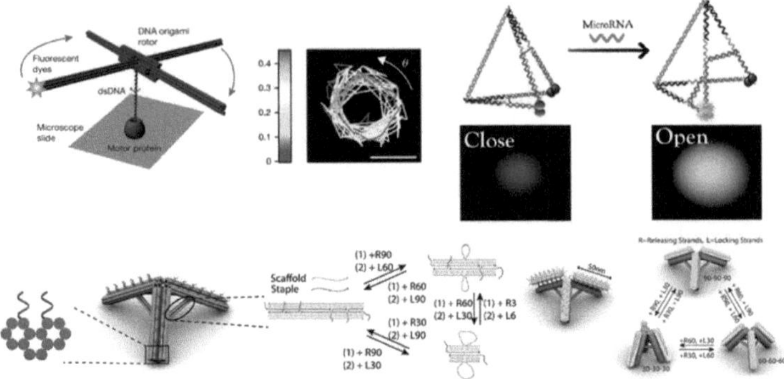

Figura 18. Aplicações da nano-mecânica do ADN

Finalmente, as vantagens dos tubos de calor podem ser classificadas da seguinte forma: Grande capacidade de transferência de calor - distribuição uniforme da temperatura no corpo - compacidade, elevada fiabilidade e eficiência - perda de calor muito baixa - amigo do ambiente, dado que estes tubos não são móveis e não têm componentes mecânicos, não necessitam de manutenção especial e não sofrem quaisquer danos em utilização normal. Se o tubo for concebido corretamente, o líquido no seu interior tem uma pressão de cerca de 1 atmosfera, o que significa que o risco de fugas é quase nulo.

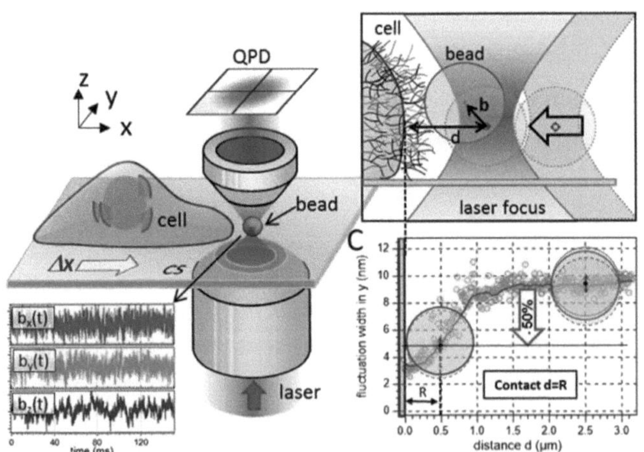

Figura 19. Nano-mecânica da fagocitose e dos filopódios

Capítulo III

Nanofluidos

Uma das limitações básicas no desenvolvimento de permutadores de calor era o coeficiente de transferência de calor muito baixo dos fluidos de trabalho utilizados (tais como água, óleo, etc.) nos mesmos. Estudos demonstraram que a utilização de partículas sólidas metálicas e não metálicas nestes fluidos poderia aumentar significativamente o seu coeficiente de transferência de calor.

Os nanofluidos, que são obtidos a partir da distribuição de partículas de tamanho nanométrico em fluidos normais, são uma nova geração de fluidos com grande potencial em aplicações industriais. O tamanho das partículas utilizadas nos nanofluidos é de 1 nm a 100 nm. Estas partículas são partículas metálicas, como o cobre, a prata ou óxidos metálicos, como o óxido de alumínio e o óxido de cobre. Os fluidos comuns utilizados no domínio da transferência de calor têm um baixo coeficiente de condutividade térmica.

Devido ao seu elevado coeficiente de condutividade, as nanopartículas aumentam o coeficiente de condutividade térmica do fluido, que é um dos parâmetros básicos da transferência de calor, ao serem distribuídas no fluido de base. Uma das aplicações mais básicas dos nanofluidos pode ser utilizada em permutadores de calor, transportes, arrefecimento de sistemas electrónicos, sistemas de aquecimento e ar condicionado e medicina (transporte de medicamentos no corpo).

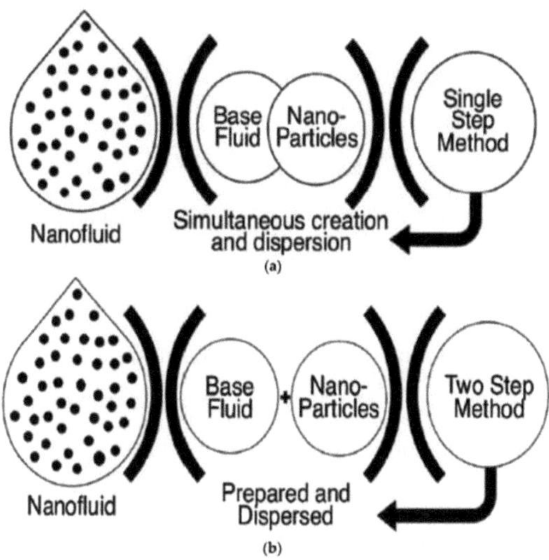

Figura 20. Nanofluidos

Preparação de nanofluidos

A melhoria das propriedades térmicas dos nanofluidos exige a escolha do método de preparação adequado destas suspensões para evitar a sua sedimentação e instabilidade. De acordo com os tipos de aplicações, existem muitos tipos de nanofluidos, incluindo nanofluidos de óxidos metálicos, nitritos, carbonetos metálicos e não metálicos, que foram criados com ou sem a utilização de tensioactivos em fluidos como a água, o etilenoglicol e o óleo. Foram efectuados muitos estudos sobre a forma de preparar nanopartículas e os seus métodos de dispersão no fluido de base.

Um dos métodos mais comuns de preparação de nanofluidos é o método em duas fases. Neste método, as nanopartículas ou os nanotubos são geralmente preparados como pós secos por deposição química de vapor (CVD) numa atmosfera de gás inerte. Na etapa seguinte, a nanopartícula ou o nanotubo é disperso no fluido.

Para tal, são utilizados métodos como vibradores ultra-sónicos ou tensioactivos para minimizar as massas de nanopartículas e melhorar o comportamento de dispersão. O método em duas etapas é muito adequado para alguns casos, como óxidos metálicos em água desionizada, e tem sido menos bem sucedido para nanofluidos contendo nanopartículas de metais pesados. O método em duas etapas tem potenciais benefícios económicos, uma vez que muitas empresas têm a capacidade de preparar nano-pós à escala industrial.

O método de uma etapa progrediu paralelamente ao método de duas etapas; por exemplo, os nanofluidos contendo nanopartículas metálicas foram preparados utilizando o método de evaporação direta. Neste método, a fonte de metal é evaporada sob condições de vácuo. Neste método, a densidade mássica das nanopartículas atinge o seu mínimo, mas a baixa pressão de vapor do fluido é uma das desvantagens deste processo; No entanto, foram criados diferentes métodos químicos de passo único para preparar nanofluidos, entre os quais podemos mencionar o método de redução do sal metálico e a preparação da sua suspensão em diferentes solventes para preparar nanofluidos metálicos. A principal vantagem do método de uma só etapa é o excelente controlo do tamanho e da distribuição das partículas.

Transferência de calor em fluidos estáticos

As propriedades excepcionais dos nanofluidos incluem uma condutividade térmica mais elevada do que as suspensões convencionais, uma relação não linear entre a condutividade e a temperatura e um aumento acentuado do fluxo de calor na zona de ebulição. Estas propriedades excepcionais, juntamente com a estabilidade, o método de preparação relativamente fácil e a viscosidade aceitável, fizeram com que estes fluidos fossem considerados como uma das escolhas mais adequadas e mais fortes no domínio dos fluidos de arrefecimento.

A maior parte da investigação sobre a condução de calor de nanofluidos foi efectuada no domínio dos fluidos que contêm nanopartículas de óxido metálico. Masuda registou um aumento de 30% na condutividade térmica ao adicionar 4,3% em volume de alumina à água, mas registou um aumento de 15% no mesmo tipo de nanofluido com a mesma percentagem em volume, e a diferença nestes resultados deve-se à diferença no tamanho das nanopartículas. O trabalho realizado nestas duas investigações é conhecido.

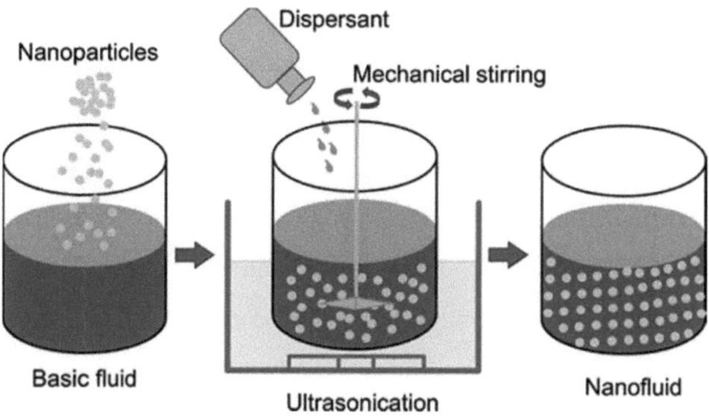

Figura 21. Nanofluidos

O diâmetro médio das partículas de alumina utilizadas na primeira experiência foi de 13 nm e na segunda experiência de 33 nm. Zai et al. registaram um aumento de 20% para um volume de 50% destas nanopartículas. Um grupo semelhante obteve resultados semelhantes para as nanopartículas de carboneto de silício.

Lee observou uma melhoria relativamente menor na condução de calor de nanofluidos contendo nanopartículas de óxido de cobre em comparação com nanopartículas de alumina; enquanto Wang registou um aumento de 17% na condutividade térmica para apenas 4% de percentagem volumétrica de nanopartículas de óxido de cobre em água. Para nanofluidos à base de etilenoglicol, foi registado um aumento de mais de 40% para uma percentagem volumétrica de 3% de cobre com um diâmetro médio de dez nanómetros.

Patel observou um aumento elevado de 21% para uma suspensão volumétrica de 11% de nanopartículas de ouro e prata, respetivamente dispersas em água de tolueno. Nalguns casos, não foi observado um aumento significativo da condutividade. Recentemente, está a ser realizada outra investigação sobre a dependência da condutividade em relação à temperatura para concentrações elevadas de nanopartículas de óxido metálico e concentrações baixas de nanopartículas metálicas e, em ambos os casos, foi observado um aumento de 2 a 4 vezes da condutividade na gama de temperaturas de 20 a 50 graus Celsius e, se confirmadas, estas propriedades podem ser utilizadas em sistemas de aquecimento para temperaturas mais elevadas.

O maior aumento da condutividade foi registado na suspensão de nanotubos de carbono, que, para além da elevada condutividade térmica, têm uma elevada relação comprimento/diâmetro. Uma vez que os nanotubos de carbono formam uma rede fibrosa, a sua suspensão actua mais como os compósitos de polímeros. Bircock registou um aumento de 125% na condutividade do epóxi polímero-nanotubo contendo 1% de nanotubos com 1% de nanotubos de parede simples. Observou também que, à medida que a temperatura aumenta, a condutividade térmica aumenta. Porque para 1% de suspensão de nanotubos de paredes múltiplas em óleo, foi registado um aumento de 16% na condutividade térmica.

Foram apresentados vários relatórios e investigações no domínio do aumento da condutividade térmica da suspensão de nanotubos de carbono; Zai relatou um aumento de 10-20% na condutividade térmica numa suspensão de 1% em volume com fluido de água. Wen e Ding também comunicaram um aumento de 25% na condutividade numa suspensão de 8% em volume em água. Asil registou o maior aumento de 38% para uma suspensão de 6% em volume em água.

Wen e Ding relataram um rápido aumento da condutividade em concentrações de cerca de 2% por volume e mostraram que este aumento permanece quase constante a partir daí. Em todos os relatórios, foi observado um aumento da condutividade com a temperatura; no entanto, este aumento quase pára para temperaturas superiores a 30 graus Celsius.

Escoamento, deslocamento e ebulição

Recentemente, o coeficiente de transferência de calor do nanofluido foi medido em circulação livre e forçada. Das iniciou experiências para determinar as propriedades do calor de ebulição dos nanofluidos. U mediu o fluxo crítico de calor do nanofluido água-alumina em ebulição e registou um aumento de três vezes no fluxo crítico de calor (CHF) em comparação com a água pura. No mesmo contexto, Vassallo preparou um nanofluido de sílica-água e registou o mesmo aumento de três vezes no CHF.

Para além de depender da condução de calor, o coeficiente de transferência de calor por movimento livre depende também de outras propriedades, como o calor específico, a densidade e a viscosidade dinâmica, que, naturalmente, nestas percentagens volumétricas baixas, como esperado e observado, o calor específico e a densidade são muito elevados. É próximo do fluido de base. Wang mediu a viscosidade da alumina-água e mostrou que quanto melhor e mais dispersas as partículas, menor a viscosidade.

O autor registou um aumento de 30% na viscosidade para uma suspensão de 3% em volume, o que parece ser 3 vezes mais em comparação com o resultado de Pack Recho, o que indica a dependência da viscosidade do método de preparação do nanofluido. Juan Vali obteve o coeficiente de fricção para um nanofluido contendo um a dois por cento de partículas de cobre e mostrou que este coeficiente é quase o mesmo que o do fluido à base de água. Eastman mostrou que o coeficiente de transferência de calor por deslocação forçada de uma suspensão de 9% em volume de nanopartículas de óxido de cobre é 15% superior ao do fluido de base. Juan Li também mediu o coeficiente de transferência de calor por convecção forçada em fluxo turbulento e mostrou que uma pequena quantidade de nanopartículas de cobre em água desionizada aumenta significativamente o coeficiente de transferência de calor. Por exemplo, a adição de 2 por cento em volume de nanopartículas de cobre na água aumenta a sua transferência de calor em cerca de 39 por cento. Em contradição com os resultados acima referidos, Pack e Cho observaram uma diminuição de 12% no coeficiente de transferência de calor na suspensão contendo 3% em volume de alumina e titana nas mesmas condições.

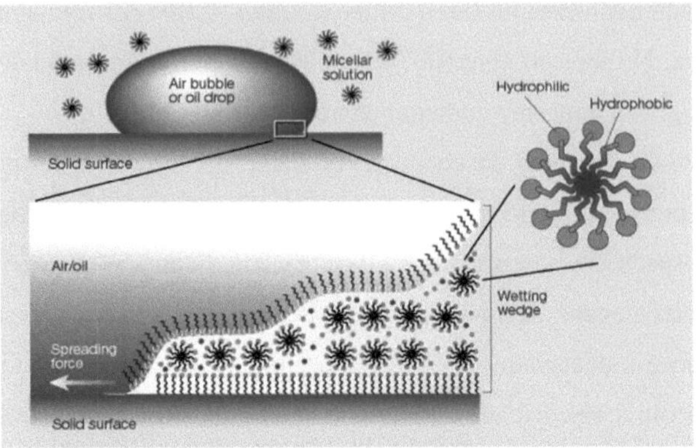

Figura 22. Espalhar a palavra sobre os nanofluidos

Trabalhando em convecção livre, por oposição à condução e à convecção forçada, Putra observou uma redução na transferência de calor. Ao efetuar testes de ebulição em água com alumina, Das mostrou que, com o aumento da percentagem volumétrica de nanopartículas, a eficiência da ebulição diminui em comparação com o fluido de base. Atribuiu esta diminuição à alteração das propriedades da superfície da caldeira devido à deposição de nanopartículas na sua superfície irregular e não à alteração das propriedades do fluido.

Ao medir o fluxo de calor crítico para a ebulição em superfícies de cobre planas e quadradas imersas em nanofluidos de água-alumina, Yu mostrou que o fluxo de calor destes fluidos é três vezes superior ao da água e que o tamanho médio das bolhas aumenta e a frequência da sua produção diminui. Estes resultados foram também confirmados por Vassalo. Trabalhou num nanofluido água-sílica e relatou o aumento do fluxo de calor crítico para concentrações inferiores a mil por cento do volume. Ainda não existe um modelo para prever estes aumentos e os factores que os afectam.

Condução de calor por nanofluidos

A condução de calor em nanofluidos tem sido a mais estudada. Este artigo também aborda a condução de calor num fluido estático. Uma vez que o nanofluido é considerado um material compósito, a sua condutividade térmica é obtida pela teoria do meio eficaz, que foi obtida por Musotti, Clausius, Maxwell e Loranza no século XIX.

Se os efeitos da interface das nanopartículas esféricas forem ignorados, em quantidades muito pequenas de nanopartículas, com exceção do volume das nanopartículas, todos os modelos resultantes da teoria da média efectiva têm a mesma solução. Nos casos em que as nanopartículas têm uma condutividade térmica elevada, prevê-se que a condutividade térmica do nanofluido aumente em f*3, o que é uma boa estimativa para os casos em que a condutividade das partículas é superior a 20 vezes a condutividade térmica do fluido.

A perspetiva dos nanofluidos

Nos últimos dez anos, foram registadas propriedades interessantes para os nanofluidos, entre as quais a condução de calor atraiu a maior parte das atenções, mas recentemente foram também investigadas outras propriedades térmicas. Os nanofluidos podem ser utilizados em vários domínios, mas este trabalho depara-se com obstáculos, incluindo o facto de vários pontos deverem ser mais considerados sobre os nanofluidos:

- Inconsistência dos resultados experimentais em diferentes laboratórios;
- Deficiência na determinação das caraterísticas da suspensão de nanopartículas;
- Falta de modelos e teorias adequados para investigar a alteração das propriedades dos nanofluidos.

Alguns pontos das propriedades excepcionais dos nanofluidos incluem uma condutividade térmica superior à das suspensões normais, uma relação não linear entre a condutividade e a concentração de sólidos, uma forte dependência da condutividade em relação à temperatura e um forte aumento do fluxo de calor na zona de ebulição. As propriedades excepcionais, juntamente com a estabilidade, o método de preparação relativamente fácil e a viscosidade aceitável, fizeram com que os nanofluidos fossem considerados como uma das escolhas mais adequadas e mais fortes no domínio dos fluidos de arrefecimento.

Uma pequena quantidade (cerca de um por cento em volume) de nanopartículas de cobre ou nanotubos de carbono em etilenoglicol ou óleo provoca um aumento de 40% e 150% na condutividade térmica destes fluidos, respetivamente. Os nanofluidos podem ser utilizados para desenvolver sistemas de controlo do calor em muitas aplicações, incluindo veículos pesados.

O controlo térmico é um dos factores-chave em tecnologias relacionadas com produtos como as pilhas de combustível e os veículos eléctricos bicombustíveis, a maioria dos quais funciona a temperaturas que são, na sua maioria, inferiores às dos motores de combustão interna convencionais. Por conseguinte, existe uma necessidade urgente de desenvolver fluidos de transferência de calor com uma condutividade térmica muito elevada e de transferir esta tecnologia para a indústria automóvel. Recentemente, foi efectuada investigação sobre nanofluidos metálicos contendo nanopartículas de cobre com um diâmetro inferior a 10 nm que foram dispersas em etilenoglicol.

Estes estudos mostram que, numa fração de volume muito pequena de nanopartículas, a condutividade térmica pode ser superior à condutividade do próprio fluido ou dos nanofluidos de óxido (como o óxido de cobre e o óxido de alumínio com um diâmetro médio de partícula de 35 nm). Uma vez que nenhuma das teorias habituais previu os efeitos do diâmetro das partículas ou da sua condutividade na condutividade dos nanofluidos, estes resultados são inesperados.

Recentemente, foram produzidos nanofluidos contendo nanotubos de carbono e os resultados das experiências realizadas com estes nanofluidos mostraram que a presença de nanotubos num fluido aumenta significativamente a sua condutividade térmica.

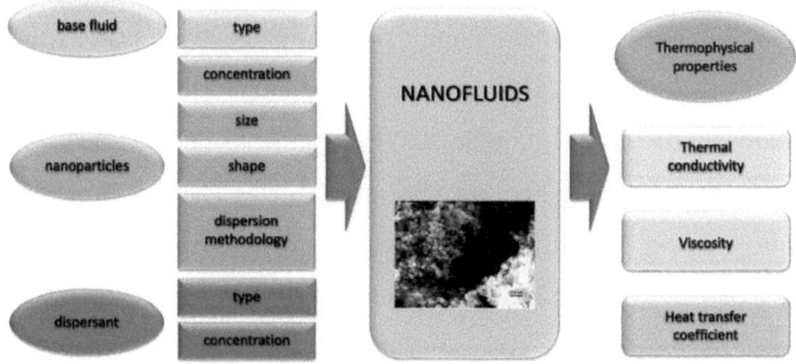

Figura 23. Análise dos parâmetros necessários para definir corretamente os nanofluidos para aplicações de transferência de calor

Mais interessante é o facto de o aumento da condutividade térmica relacionado com os nanotubos estar um passo além das previsões feitas pelas teorias existentes. Afinal, o diagrama de condutividade térmica medido em termos de volumes parciais é não linear, enquanto as teorias comuns mostravam claramente a existência de uma relação linear entre estes dois parâmetros. Entre as principais caraterísticas dos nanofluidos que foram descobertas até agora estão as condutividades térmicas muito mais elevadas do que as que as suspensões convencionais tinham mostrado, a existência de uma relação não linear entre a condutividade térmica e a concentração de nanotubos de carbono nos nanofluidos, bem como a forte dependência da condutividade térmica da temperatura e um aumento significativo do fluxo. chamado calor crítico.

Cada uma destas caraterísticas, no seu lugar, é muito desejável para os sistemas térmicos e, em conjunto, fazem dos nanofluidos os melhores candidatos para a produção de refrigerantes de base líquida. Estas descobertas também mostram claramente a existência de limitações fundamentais nos modelos convencionais de transferência de calor para suspensões sólido/líquido.

Entre os factores de transferência de calor em nanofluidos contam-se: O movimento das nanopartículas, a superfície molecular estratificada do líquido na interface entre o líquido e as partículas, as transferências de calor por projécteis em nanopartículas e o efeito do agrupamento de nanopartículas são alguns dos factores de transferência de calor em nanofluidos.

Em julho de 2000, com o apoio do Departamento de Energia dos Estados Unidos e do Centro de Energia para as Ciências Básicas, foi lançado um novo projeto com o objetivo de descobrir os parâmetros-chave que faltam nas teorias existentes e nos conceitos fundamentais dos mecanismos de melhoria da transferência de calor dos nanofluidos, bem como de descobrir a base teórica para o aumento anormal da condutividade térmica dos nanofluidos. A estrutura das nanopartículas em nanofluidos está a ser investigada e testada pela fonte avançada de fotões do Laboratório Nacional de Argonne.

De acordo com os resultados comunicados pela Texas A&M University, esta universidade está a estudar a relação entre o movimento das nanopartículas e o aumento da transferência de calor nas mesmas. Utilizando os resultados recolhidos, é possível desenvolver um novo modelo de transferência de energia em nanofluidos que depende do tamanho das nanopartículas, da estrutura e do efeito dinâmico nas propriedades térmicas dos nanofluidos.

Esta forma de ligar diferentes disciplinas científicas e projectos conjuntos conduzirá à descoberta de novas fronteiras na investigação em termofísica para a conceção e engenharia no domínio da produção de frio. A investigação sobre nanofluidos poderá conduzir a um avanço inesperado em sistemas híbridos líquido/sólido para inúmeras aplicações de engenharia, incluindo refrigerantes para automóveis e camiões pesados. Um dos principais efeitos desta investigação é aumentar a eficiência energética, tornar os sistemas de aquecimento mais pequenos e mais leves, reduzir os custos operacionais e limpar o ambiente.

Nanofluidos e camiões avançados

Devido à necessidade de motores mais potentes, os fabricantes de camiões estão constantemente à procura de formas de expandir os designs aerodinâmicos dos seus veículos. Entre os esforços neste domínio está o objetivo de reduzir a quantidade de energia necessária para lidar com resistências elevadas. Num camião pesado típico, a uma velocidade de 110 km/h, cerca de 65% da eficiência total do motor é utilizada para superar a resistência aerodinâmica, e uma das principais razões para isso é a resistência do ar.

Nos sistemas de arrefecimento, são necessários radiadores diferentes consoante o tipo de fluido utilizado. Para transferir o calor do motor para o radiador e, finalmente, libertar esse calor para o ambiente circundante, é necessário utilizar fluidos com elevada capacidade térmica. Estes fluidos são capazes de absorver calor sem aumentar a sua própria temperatura e, em seguida, transferi-lo muito lentamente para o ambiente circundante sem necessidade de mais fluido. Se a velocidade de transferência de calor pelos fluidos for de alguma forma aumentada, a conceção dos radiadores torna-se mais fácil e mais eficaz, e estes podem ser mais pequenos. Além disso, o tamanho das bombas de arrefecimento dos veículos pode ser reduzido.

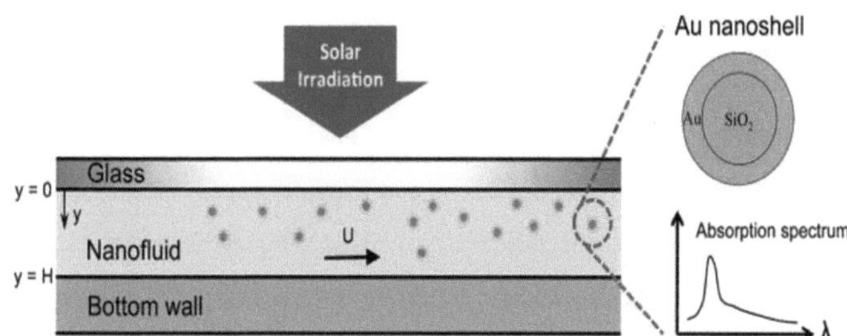

Figura 24. Aplicações térmicas de nanofluidos

Os motores dos camiões também podem produzir mais potência devido ao facto de trabalharem a temperaturas mais elevadas. Aumentar a condutividade térmica dos líquidos de arrefecimento pode também ser uma ideia adequada para a produção de células de combustível avançadas e veículos de combustível duplo/elétrico. Os investigadores do Laboratório Argonne estão a encontrar uma forma de aumentar significativamente a condutividade térmica dos líquidos de refrigeração em motores convencionais sem afetar negativamente as suas capacidades térmicas.

O Departamento de Energia dos Laboratórios Argon está a trabalhar em conjunto com a Valve Line Company no desenvolvimento de nano fluidos de refrigeração e óleos lubrificantes para motores de camiões. Os investigadores da Argon estão agora a utilizar um método de um passo para produzir nanofluidos com base em nanopartículas metálicas e um método de dois passos para produzir nanofluidos com base em nanopartículas de óxido, ambos métodos relativamente fáceis e económicos para produzir nanofluidos. Atualmente, os investigadores do Argonne estão a investigar o efeito da fuligem no óleo do motor. A quantidade de fuligem no óleo do motor é por vezes superior ao esperado. Embora as partículas de fuligem não sejam tão pequenas como as partículas nanométricas encontradas nos nanofluidos, os investigadores descobriram que a sua acumulação no óleo do motor leva a um aumento de 15% na condutividade térmica do óleo do motor.

Com base nestas descobertas, os investigadores produziram um sensor que pode mostrar o desempenho do motor medindo o aumento da condutividade térmica das partículas de fuligem recolhidas no óleo do motor.

Nanofluidos metálicos e motores de refrigeração

As caraterísticas dos motores diesel estão a mudar rapidamente em termos de reacções limitadas e de eficiência de trabalho. Os sistemas de arrefecimento devem ser capazes de funcionar a temperaturas mais elevadas e transferir maiores quantidades de calor para o ambiente circundante. O tamanho dos radiadores também deve ser reduzido para eliminar o equipamento adicional dos camiões e facilitar a viagem com eles.

Realisticamente, encapsular mais potência de arrefecimento em menos espaço só será possível através da utilização de novas tecnologias, como os nanofluidos. Outra aplicação destes modelos é a previsão da condutividade térmica de um nanofluido com base na concentração, temperatura de funcionamento e tamanho das nanopartículas dispersas no fluido.

Afinal, é possível que as propriedades das nanocamadas formadas na superfície das nanopartículas em suspensão sejam um fator de aumento da condutividade térmica dos nanofluidos. Os dois mecanismos-chave do movimento browniano e das nano camadas são os factores mais importantes para aumentar a condutividade térmica dos fluidos de transferência de calor. Os investigadores do Laboratório Argon estão a investigar os possíveis perigos dos nanofluidos para os sistemas de radiadores. Conseguiram construir um dispositivo capaz de medir e testar o efeito de diferentes fluxos de arrefecimento no desempenho de um radiador.

A investigação futura centrar-se-á mais no tipo de nanopartículas utilizadas no fabrico de nanofluidos, incluindo partículas de alumínio e nanopartículas de óxido metálico revestidas. Na maioria das pequenas e grandes fábricas, as torres de arrefecimento são um dos dispositivos mais importantes e básicos.

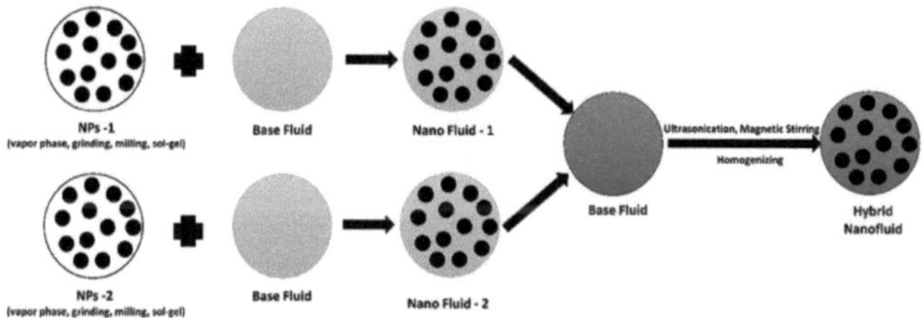

Figura 25. Nanofluidos híbridos como suspensões coloidais renováveis e sustentáveis

Para além da água, as torres de arrefecimento são utilizadas para arrefecer outros fluidos, se necessário. Devido ao facto de as torres de arrefecimento serem normalmente volumosas e devido aos salpicos de água nas suas imediações e à falha do equipamento, são normalmente instaladas no final do processo. Se os dispositivos das torres de arrefecimento não forem omitidos, não é necessária alta tecnologia para a construção da torre, uma vez que, no Irão, a construção destas torres é feita em grande escala.

As torres têm problemas devido às suas condições físicas e químicas específicas, mas normalmente é preciso muito tempo para que estes problemas desactivem a torre, mas é praticamente inevitável. Nesta coleção, tentou-se, tanto quanto possível, transmitir ao leitor uma visão relativamente geral da torre e, tanto quanto possível, foram explicados os pormenores relacionados com as torres de arrefecimento.

Factores básicos em nanofluidos

Os três factores que tornam os nanofluidos refrigerantes adequados são: Alta condutividade térmica, alta transferência de calor em uma fase e alto fluxo de calor crítico. Recentemente, foram produzidos nanofluidos contendo nanotubos de carbono e os resultados das experiências realizadas com estes nanofluidos mostraram que a presença de nanotubos num fluido aumenta significativamente a sua condutividade térmica.

Mais interessante é o facto de o aumento da condutividade térmica relacionado com os nanotubos estar um passo além das previsões feitas pelas teorias existentes. Além disso, o diagrama de condução de calor medido em termos de volumes parciais é não linear. No entanto, as teorias comuns tinham mostrado claramente a existência de uma relação linear entre estes dois parâmetros.

Entre as principais caraterísticas dos nanofluidos que foram descobertas até agora contam-se uma condutividade térmica muito mais elevada do que a das suspensões convencionais, a existência de uma relação não linear entre a condutividade térmica e a concentração de nanotubos de carbono nos nanofluidos, bem como a forte dependência da condutividade térmica em relação à temperatura e um aumento significativo do fluxo, designado por temperatura crítica.

Cada uma destas caraterísticas é muito favorável para os sistemas térmicos no seu lugar e, em conjunto, fazem dos nanofluidos os melhores candidatos para a produção de refrigeradores de base líquida. Estas descobertas também mostram claramente a existência de limitações básicas nos modelos convencionais de transferência de calor para suspensões sólidas/líquidas.

Os cientistas e engenheiros térmicos têm trabalhado durante décadas para desenvolver fluidos térmicos mais eficientes para vários sistemas de aquecimento. Por exemplo, os óleos de motor e os líquidos de refrigeração melhorados tornam os sistemas de refrigeração dos motores mais pequenos e mais leves e, consequentemente, requerem menos combustível e produzem menos poluição, o que causa menos danos ao ambiente. Os benefícios dos nanofluidos são os seguintes:

- **Melhoria da transferência de calor e da estabilidade:** A área de superfície muito mais elevada dos nanopós em comparação com os pós convencionais melhora significativamente a transferência de calor e a estabilidade das suspensões.
- **Arrefecimento de micro canais:** Se as partículas não forem maiores do que alguns nanómetros, é possível utilizar nanopartículas em micro canais. O permutador de calor de microcanais com nanofluidos cria uma forma importante de melhorar a tecnologia de arrefecimento devido à combinação de um elevado nível de calor e de uma elevada condutividade térmica.
- **Entupimento mínimo:** As partículas de tamanho micrométrico não são utilizadas em equipamentos práticos de transferência de calor devido a problemas de entupimento. No entanto, pensa-se que os nanofluidos podem ser utilizados.
- **Sistemas pequenos:** A tecnologia de nanofluidos, com a possibilidade de fabricar sistemas de permutadores de calor mais pequenos, apoia a atual tendência industrial para conseguir a miniaturização dos sistemas.
- **Poupança de energia e de custos:** A utilização bem sucedida de nanofluidos leva à construção de permutadores de calor mais leves e mais pequenos; estes permitem poupanças significativas de energia e de custos.

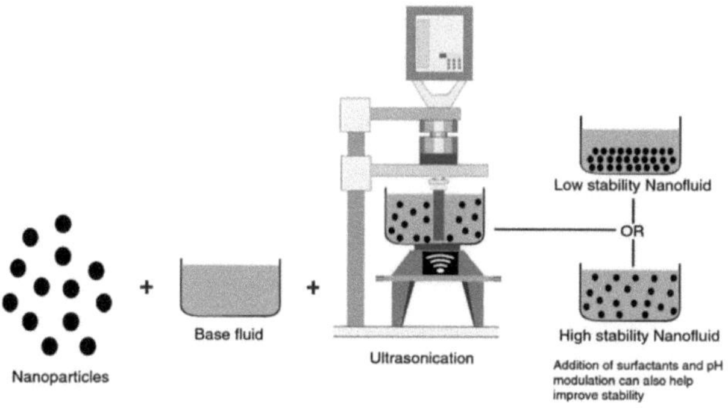

Figura 26. Uma revisão actualizada dos nanofluidos em vários dispositivos de transferência de calor

Transferência de calor por nanofluidos

Além disso, as partículas ultrafinas em suspensão alteram as propriedades de transferência e o desempenho de transferência de calor dos nanofluidos, pelo que apresentam um elevado potencial para melhorar a transferência de calor. O efeito mais importante observado nos nanofluidos foi o aumento significativo da condutividade térmica.

Assim, este aumento significativo pode ser observado mesmo em baixas concentrações de nanofluido. A baixa concentração de nanofluido faz com que o fluido mantenha o seu comportamento newtoniano. Os três factores que tornam os nanofluidos refrigerantes adequados são: Alta condutividade térmica, alta transferência de calor em uma fase e alto fluxo de calor crítico.

Recentemente, foram produzidos nanofluidos contendo nanotubos de carbono e os resultados das experiências realizadas com estes nanofluidos mostraram que a presença de nanotubos num fluido aumenta significativamente a sua condutividade térmica. Mais interessante é o facto de o aumento da condutividade térmica relacionado com os nanotubos estar um passo além das previsões feitas pelas teorias existentes. Depois disto, o diagrama de condução de calor medido em termos de volumes parciais é não linear. No entanto, as teorias comuns tinham mostrado claramente a existência de uma relação linear entre estes dois parâmetros.

Entre as principais caraterísticas dos nanofluidos que foram descobertas até agora contam-se uma condutividade térmica muito mais elevada do que a das suspensões convencionais, a existência de uma relação não linear entre a condutividade térmica e a concentração de nanotubos de carbono nos nanofluidos, bem como a forte dependência da condutividade térmica em relação à temperatura e um aumento significativo do fluxo, designado por temperatura crítica.

Cada uma destas caraterísticas é muito favorável para os sistemas térmicos no seu lugar e, em conjunto, fazem dos nanofluidos os melhores candidatos para a produção de refrigeradores de base líquida. Estas descobertas também mostram claramente a existência de limitações básicas nos modelos convencionais de transferência de calor para suspensões sólidas/líquidas.

Aplicações de nanofluidos em várias indústrias

A produção excessiva de dióxido de carbono é a principal fonte do problema do aquecimento global, e a conversão de energia é a principal fonte de emissões de dióxido de carbono. Uma das formas importantes e úteis que podem ser utilizadas para reduzir a emissão de dióxido de carbono é reciclar mais e melhorar a energia e melhorar a sua utilização efectiva. Isto reduz o consumo de combustível e reduz as emissões de dióxido de carbono, reduzindo assim os custos iniciais de fornecimento de energia para as indústrias.

Um dos métodos que pode ser utilizado nesta direção é a utilização de nanofluidos. Em 1904, a ideia de utilizar partículas em dimensões nanométricas foi proposta pela primeira vez por Maxwell, tendo ocorrido uma grande revolução no domínio da transferência de calor em fluidos. De facto, Maxwell propôs um novo ponto de vista sobre a suspensão de fluidos sólidos ou partículas em nano dimensões.

Pela primeira vez, Masuda e colegas introduziram o fluido contendo partículas em suspensão com o nome de nanofluido e, depois deles, Choi desenvolveu este conceito de forma extensiva no Laboratório Argonne da América.

Os nanofluidos são partículas sólidas muito pequenas, com tamanhos entre 1 e 100 nanómetros, que estão suspensas no fluido de base. Normalmente, as nanopartículas são constituídas por metais como o cobre, o alumínio, o potássio, o silício e os seus óxidos, bem como por nanotubos de carbono e fluidos de base, principalmente fluidos com uma condutividade relativamente baixa, como a água, o etilenoglicol e fluidos desta categoria, que são conhecidos na indústria por serem utilizados como condutores de transferência de calor. Em comparação com as partículas maiores, como as micropartículas, as nanopartículas são muito mais estáveis e têm mais superfície de contacto com a área do fluido.

De facto, as duas principais caraterísticas do nanofluido são uma estabilidade muito elevada e o seu coeficiente de condutividade térmica muito elevado. Além disso, devido ao pequeno tamanho das partículas, os problemas de corrosão e queda de pressão são reduzidos em grande medida. Na investigação conduzida por Faulkner et al utilizando nanofluidos em 2003, observaram um aumento da taxa de arrefecimento no sistema de arrefecimento.

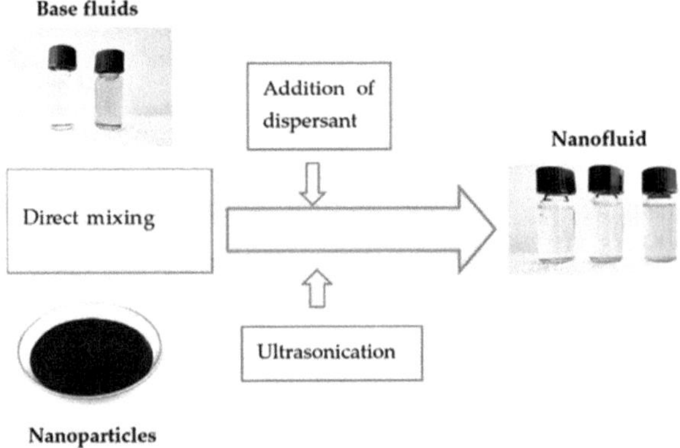

Figura 27. Preparação de nanofluidos

Hemet et al efectuaram um estudo experimental sobre as propriedades termofísicas de um nanofluido - água - nanotubo de carbono de paredes múltiplas. Investigaram o coeficiente de condutividade térmica deste nanofluido em fracções de volume e a diferentes temperaturas. Os seus resultados indicam um aumento do coeficiente de condutividade térmica. Num outro estudo, Hemmet et al testaram experimentalmente o coeficiente de condutividade térmica do nanofluido água-óxido de alumínio.

Verificaram que factores como o tamanho das partículas, as condições ambientais e os métodos de preparação do nanofluido afectam os resultados obtidos. Noutra investigação em 2014, Hemmet et al investigaram as propriedades termofísicas do nanofluido água-óxido de magnésio em laboratório. Verificaram que, com o aumento da fração volumétrica, o coeficiente de condutividade térmica aumenta.

As propriedades termofísicas do nanofluido água - nanotubo de carbono de parede dupla foram investigadas experimentalmente por Hemet et al. em 2014. Os seus resultados indicam que, em fracções de volume baixas, a temperatura não tem um efeito significativo no coeficiente de condutividade térmica. Saeedinia et al. investigaram e estudaram o comportamento térmico e reológico do nanofluido de óxido de petróleo Mesra em laboratório.

As suas conclusões indicam que, com o aumento da fração volumétrica de nanopartículas, o coeficiente de condutividade térmica aumenta de forma não linear. Tendo em conta a importância dos nanofluidos nas aplicações de transferência de calor e a necessidade crescente de várias indústrias de fluidos com elevada condutividade, estes fluidos ocupam um lugar especial nas indústrias. Por conseguinte, nesta investigação, foram discutidas as aplicações dos nanofluidos nas indústrias.

Aplicação em permutadores de calor

O processo de arrefecimento e aquecimento é um dos maiores problemas nas indústrias. A fim de melhorar o processo de transferência de calor, uma das soluções existentes consiste em aumentar o nível de transferência de calor, o que implica o aumento do caudal volúmico do líquido de arrefecimento no ciclo e, consequentemente, o custo de bombagem aumenta e pode ser necessária uma bomba maior. O aumento da condutividade térmica do líquido de arrefecimento no permutador de calor é uma das formas mais importantes de aumentar a eficiência térmica e a conceção óptima do permutador de calor proposto.

Li e Xuan estudaram experimentalmente o coeficiente de transferência de calor por deslocamento e o coeficiente de fricção do nanofluido no fluxo lento e turbulento de nanofluido de cobre-água desionizada com um diâmetro inferior a 100 nanómetros no interior de um tubo de latão. Os seus resultados mostraram que o coeficiente de transferência de calor por deslocamento do nanofluido aumenta e, em comparação com o fluido de base, o coeficiente de transferência de calor do nanofluido com uma fração volumétrica de 2% aumentou 60%.

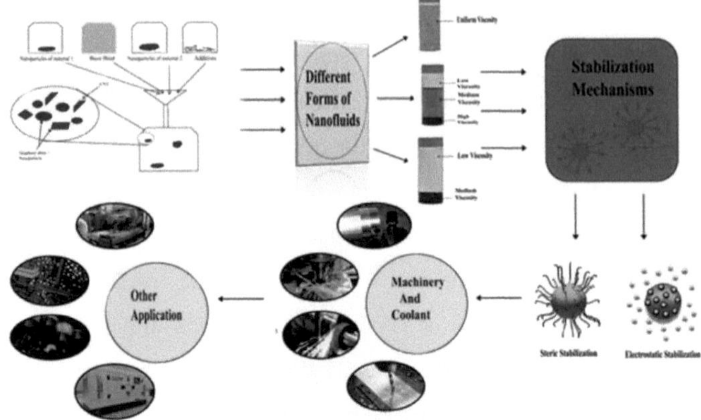

Figura 28. Nanofluidos na indústria transformadora

Modelação da transferência de calor em nanofluidos

A transferência de calor em nanofluidos tem sido investigada de duas perspectivas gerais. Numa perspetiva de fluido de base e nanopartículas, assume-se um fluido homogéneo e não se permite que as nanopartículas se movam em relação ao fluido de base. Nesta perspetiva, foi investigado o efeito da alteração das propriedades termofísicas devido à presença de nanopartículas na transferência de calor. Neste caso, as equações que regem um fluido normal são também utilizadas para os nanofluidos.

No segundo ponto de vista, o nanofluido é assumido como um fluido bifásico (líquido e sólido) e, neste caso, as nanopartículas têm a possibilidade de deslizar em relação ao fluido de base devido às forças que actuam sobre elas. Na transferência de calor por deslocamento de nanofluidos, foi observado um aumento significativo do coeficiente de transferência de calor por deslocamento. Alguns investigadores consideram importante o efeito do mecanismo de transferência de calor como resultado da transferência de massa em nanofluidos. A este respeito, Neld e Kozsto investigaram a transferência de calor de nanofluidos na camada limite.

Estes investigadores referiram que as nanopartículas transferem energia no fluido devido à sua migração e concluíram que o efeito deste tipo de transferência de energia é muito eficaz na camada limite. Numa nova investigação recentemente realizada por Behseresht, Noghreabadi e Qalam, foi discutido o efeito da migração de nanopartículas proposto por Neld e Kuzenstow e outros investigadores anteriores, tendo sido demonstrado que a gama de números adimensionais não foi escolhida corretamente nos estudos anteriores. Considerando a gama correta de números adimensionais, a transferência de calor devida à migração de nanopartículas é negligenciável. Noghreabadi, Qalambaz e Qanbarzadeh mostraram noutro estudo que, embora a transferência de calor devida à migração de nanopartículas seja negligenciável, o deslizamento de nanopartículas no fluido de base causa heterogeneidade no nanofluido. A heterogeneidade criada provoca uma alteração local das propriedades do nanofluido, afectando assim a transferência de calor por deslocamento nos nanofluidos. O debate neste domínio continua.

Os nanofluidos têm atraído a atenção de muitos cientistas nos últimos anos devido ao aumento significativo das suas propriedades térmicas. Por exemplo, uma pequena quantidade (cerca de 1% por volume) de nanopartículas de cobre ou nanotubos de carbono em etilenoglicol ou óleo provoca um aumento de 40% e 150% na condutividade térmica destes fluidos, respetivamente. Para conseguir esse aumento em suspensões normais, são necessárias concentrações superiores a dez por cento de partículas.

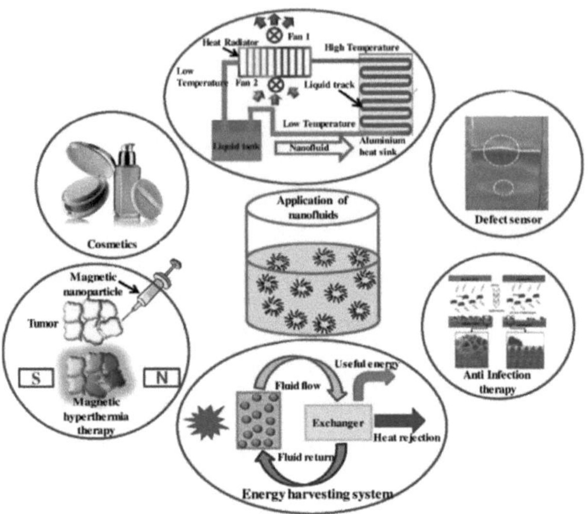

Figura 29. Propriedades térmicas dos nanofluidos

Os problemas reológicos e de estabilidade destas suspensões em concentrações elevadas impedem a sua utilização generalizada na transferência de calor. Em algumas investigações, a condutividade térmica dos nanofluidos é várias vezes superior à prevista pelas teorias. Outro resultado muito interessante é a extrema subordinação da condutividade térmica dos nanofluidos e o aumento de quase três vezes do seu fluxo de calor crítico em comparação com os fluidos normais.

Estas alterações nas propriedades térmicas dos nanofluidos não só atraíram a atenção dos académicos, como também, em caso de preparação bem sucedida e confirmação da sua estabilidade, podem criar um futuro promissor na gestão industrial do calor. Naturalmente, a suspensão de nanopartículas metálicas tem sido utilizada noutros domínios, incluindo a indústria farmacêutica e o tratamento do cancro. No entanto, a investigação no domínio das nanopartículas tem um futuro muito vasto.

Vantagens da utilização de nano fluidos e nano sensores na indústria petrolífera

No que diz respeito à vantagem da utilização de nanofluidos (fluidos inteligentes) na indústria petrolífera, ao adicionar nanopartículas a um fluido, as propriedades do referido fluido, como a densidade, a viscosidade, a condutividade térmica e o calor específico, podem ser ajustadas de forma óptima. Em fracções de baixo volume, as partículas nanométricas estão suspensas na fase líquida.

A fase líquida pode ser qualquer líquido, como água, óleo ou misturas de líquidos convencionais. As nanopartículas concebidas para a conceção destes fluidos são preferencialmente inorgânicas e uma das outras caraterísticas destas nanopartículas é o facto de não se dissolverem ou de não se juntarem no meio líquido. Estes fluidos são concebidos de forma a serem compatíveis com os fluidos existentes no interior do reservatório e a serem também amigos do ambiente. Experiências recentes introduziram uma série de nanofluidos com excelentes propriedades. Estes nanofluidos são fluidos com propriedades de redução do arrastamento, aglutinantes para a colagem de areia, géis, produtos de modificação da molhabilidade e revestimentos anticorrosão.

As aplicações emergentes da nanotecnologia na indústria petrolífera consistem na utilização de nanofluidos em muitos domínios, especialmente no aumento da extração de petróleo. As nanoformulações de polímeros/surfactantes, os géis de espalhamento coloidal e as combinações de espumas bilíquidas também fazem parte desta categoria. Os métodos químicos de aumento da extração incluem a utilização de polímeros, tensioactivos, álcalis e as suas combinações, tais como ASPs (polímero alcalino-surfactante) ou a utilização de microemulsões em inundação micelar. Recentemente, as emulsões com gotículas de dimensões nanométricas (maioritariamente com dimensões entre 20-100) têm sido muito consideradas para utilização em várias indústrias.

Parece que o aumento da extração por métodos químicos e a inundação micelar em particular podem tirar partido das vantagens da nanotecnologia e especialmente das nanoemulsões. Investigadores como Shah e Rusheet utilizaram nanofluidos de dióxido de carbono (nanopartículas saturadas com dióxido de carbono) para testar a inundação de núcleos no aumento da extração de petróleo pesado. Os resultados das suas experiências mostraram que o aumento da quantidade e da deslocação do óleo pesado na presença de nanopartículas resultou em 30,71% de extração de óleo pesado, o que é 13,30% mais do que a quantidade de extração na irrigação do núcleo com dióxido de carbono, também no caso dos nano sensores.

A diferença significativa nas propriedades ópticas, magnéticas e eléctricas dos nanomateriais em comparação com o seu estado a granel, bem como a capacidade de estas partículas formarem uma estrutura permeável em fracções de baixo volume, fez dos nanomateriais uma ferramenta muito adequada para a produção de sensores e agentes de imagiologia.

Além disso, ao utilizar a heterogeneidade de muitas nanopartículas, a capacidade de penetração depende fortemente da orientação. Por conseguinte, os materiais adequadamente processados têm propriedades eléctricas e mecânicas elevadas e não uniformes em diferentes direcções. Estes nanomateriais, quando misturados com fluidos inteligentes, podem ser utilizados para construir e desenvolver sensores com elevada qualidade de imagem e sensibilidade infinita para calcular a temperatura, a pressão e a tensão no poço em condições adversas. Estes novos sensores são de pequenas dimensões e podem funcionar em total segurança na presença de um campo magnético. Têm também a capacidade de trabalhar a altas temperaturas e pressões. Estes sensores podem ser substituídos a custos razoáveis sem perturbar as operações de exploração petrolífera.

Métodos para aumentar a estabilidade dos nanofluidos

Com base nos estudos efectuados, existem três métodos gerais para aumentar a estabilidade dos nanofluidos. Alguns investigadores utilizaram os três métodos para melhorar a estabilidade e outros utilizaram um ou dois métodos. De seguida, explica-se sucintamente cada método.

Adição de substâncias activas de superfície (tensioativo)

A adição de um tensioativo ao nanofluido é uma forma simples e económica de aumentar a estabilidade do nanofluido. Os tensioactivos afectam significativamente as caraterísticas da superfície do sistema. Estes materiais contêm uma extremidade hidrofílica polar e uma extremidade hidrofóbica (normalmente uma cadeia de hidrocarbonetos). Os materiais tensioactivos estão divididos em quatro categorias com base na composição da cabeça hidrofílica:

- ❖ Um não ião que não tem um grupo carregado na cabeça hidrofílica;
- ❖ Anião com grupo de carga negativa;
- ❖ Um catião com um grupo de carga positiva;
- ❖ Carga anfotérica que pode ser positiva ou negativa.

Para escolher o tensioativo adequado, deve ter-se em conta que, se o fluido de base for polar, são utilizados tensioactivos com cabeça hidrofílica; caso contrário, são utilizados tensioactivos solúveis em óleo. Também se deve ter cuidado ao utilizar estes materiais porque a presença excessiva destes materiais no nanofluido altera as caraterísticas do nanofluido e afecta a transferência de massa e a transferência de calor.

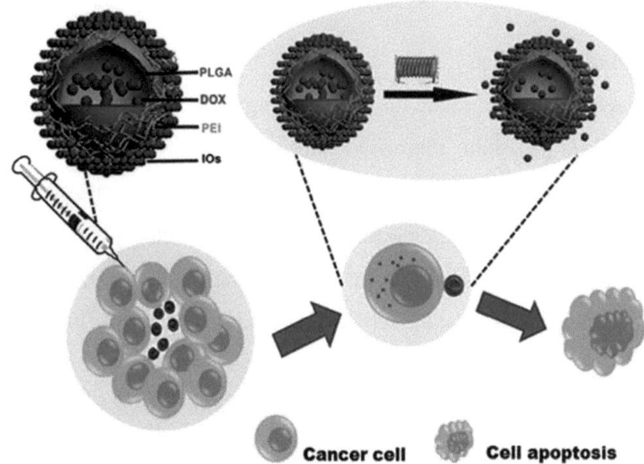

Figura 30. Papel dos nanofluidos na administração de medicamentos e na tecnologia biomédica

Os principais tensioactivos utilizados pelos investigadores são o dodecil sulfato de sódio (SDS), o dodecilbenzeno sulfato de sódio (SDBS), o brometo de cetiltrimetilamónio (CTAB), o ácido oleico, o brometo de dodeciltrimetilamónio (DTAB) e a polivinilpirrolidona. (PVP). Embora a utilização de tensioactivos seja uma das formas mais comuns de melhorar a estabilidade dos nanofluidos, a adição destas substâncias aos nanofluidos pode causar problemas como a formação de espuma e a redução da condutividade térmica dos nanofluidos. Além disso, como resultado da destruição da ligação entre o tensioativo e a nanopartícula a temperaturas superiores a 60°C, a estabilidade do nanofluido perde-se.

Controlo de PH de nanofluidos

A estabilidade de um nanofluido está diretamente relacionada com as suas propriedades electro-cinéticas. Deste modo, se a densidade de carga for elevada na superfície das nanopartículas, devido à força de repulsão eletrostática, as nanopartículas serão estáveis no fluido. Por conseguinte, é possível obter uma estabilidade óptima ajustando o PH do nanofluido.

Vibração ultra-sónica

Para aumentar a estabilidade do nanofluido, podem ser utilizados vibradores ultra-sónicos. Os dois métodos anteriormente mencionados ajudam a melhorar a estabilidade do nanofluido modificando a superfície das nanopartículas, mas neste método, as ondas ultra-sónicas causam a perda de ligações superficiais fracas entre as nanopartículas e, como resultado, quebram os aglomerados e aumentam a estabilidade do nanofluido.

Métodos de investigação da estabilidade de nanofluidos

Para verificar a estabilidade dos nanofluidos, existem vários métodos, sendo aqui mencionados alguns dos principais.

Aplicação de um campo externo e de um assentamento

Neste método, a quantidade de peso ou volume da deposição de nanopartículas no nanofluido, sob a força de um campo gravitacional ou centrífugo externo, é uma medida da estabilidade do nanofluido. Deste modo, quanto maior for a quantidade de nanopartículas depositadas, menos estável é o nanofluido.

Espectrofotometria UV-Vis

Este método é um dos métodos mais fáceis de verificar a estabilidade dos nanofluidos. As alterações na concentração de partículas flutuantes no nanofluido, em termos de tempo, são obtidas através da medição da absorção de nanofluidos, porque existe geralmente uma relação linear entre a intensidade da absorção e a concentração de nanopartículas no fluido. A desvantagem deste método é o facto de não ser adequado para nanofluidos com elevada concentração.

Análise do potencial zeta

O valor do potencial zeta está relacionado com a estabilidade da solução coloidal. As soluções coloidais com um potencial zeta elevado (positivo ou negativo) têm uma melhor estabilidade. Em geral, diz-se que os nanofluidos com um potencial zeta de 40mV a 60mV têm uma estabilidade aceitável e os nanofluidos com um potencial zeta superior a 60mV têm uma estabilidade muito boa. O problema deste método é a limitação da viscosidade do fluido de base.

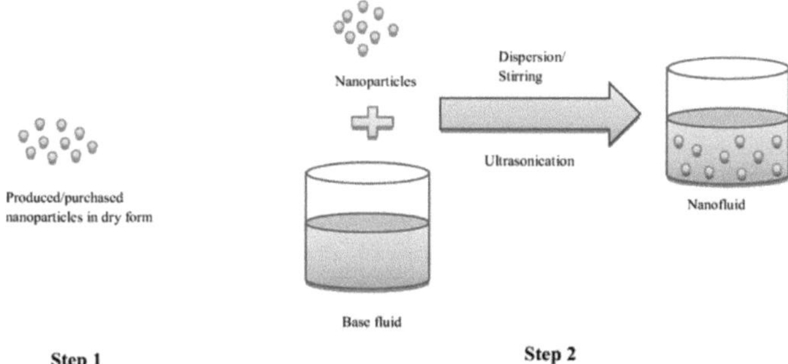

Figura 31. Método esquemático de preparação de nanofluidos em duas fases

Capítulo IV

Transferência de calor de nanofluidos

A otimização da transferência de calor tem uma prioridade especial em todas as indústrias. Anteriormente, era possível aumentar a transferência de calor por deslocação e a condutividade térmica misturando partículas de tamanho micronizado com o fluido de base; no entanto, a sedimentação, a erosão, o entupimento e a elevada queda de pressão criada por estas partículas tornaram esta tecnologia longe da utilização prática.

Um pequeno número de nanopartículas, quando suspensas de forma uniforme e estável no fluido de base, melhora drasticamente as propriedades térmicas do fluido de base. Em comparação com as partículas de tamanho mícron, as nanopartículas são concebidas para terem uma área de superfície maior, menor momento da partícula, maior mobilidade, melhor estabilidade da suspensão e maior condutividade térmica da mistura. Estas caraterísticas levaram a que os nanofluidos fossem utilizados como refrigerantes, lubrificantes e fluidos hidráulicos.

As nanopartículas são feitas de vários materiais, como cerâmicas de óxidos, cerâmicas de nitretos, cerâmicas de carbonetos, metais e materiais compósitos, como nanopartículas de ligas. O nanofluido é uma combinação de sólido-líquido em que estão suspensas nanopartículas metálicas ou não metálicas. As partículas suspensas excessivamente finas alteram as caraterísticas da transferência de calor e da deslocação dos nanofluidos, que revelam uma grande capacidade de aumentar a transferência de calor. De acordo com investigações anteriores, os nanofluidos foram considerados para aumentar as propriedades termofísicas. Propriedades como a condutividade térmica, a propagação do calor, a viscosidade e o coeficiente de transferência de calor por deslocação são aumentadas em comparação com fluidos de base como a água e o óleo.

A rejeição de calor e o controlo da temperatura em sistemas com elevada produção de fluxo de calor em indústrias como a eletrónica, aeroespacial, militar, etc. são de importância vital. Por outro lado, na última década, os esforços têm-se concentrado na utilização de nanofluidos como fluido ativo no arrefecimento. A utilização do fluxo destes fluidos pode melhorar a eficiência térmica de micro canais. Nesta investigação, o estudo e a investigação da deslocação do fluxo do nanofluido no interior do microcanal foram efectuados tanto em termos numéricos como laboratoriais.

Devido à natureza demorada e dispendiosa dos estudos laboratoriais, alguns factores eficazes foram investigados numericamente. Nesta parte do dispositivo, as equações bidimensionais caraterísticas do fluxo e do substrato foram discretizadas e resolvidas através do desenvolvimento de um código computacional baseado no método numérico de volumes finitos. Foi investigado o efeito de factores como o número de Brickman do escoamento, a espessura do leito do microcanal e o material do microcanal.

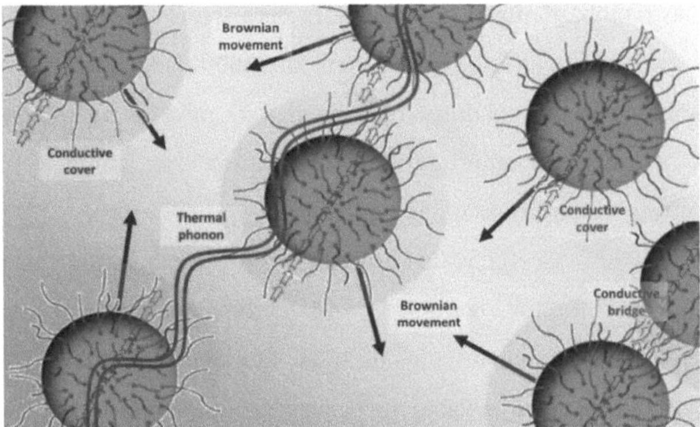

Figura 32. Mecanismos de transferência de calor em nanofluidos

Os resultados numéricos mostram uma boa concordância com os valores experimentais e analíticos disponíveis. Os resultados relacionam o aumento da espessura do microcanal com a alteração das condições térmicas na interface sólido-líquido causada pela condução axial do leito do microcanal. Considerando a espessura do leito do microcanal nos cálculos numéricos, as alterações axiais do coeficiente de transferência de calor foram reduzidas. O aumento da fração volumétrica de partículas aumenta o coeficiente de transferência de calor do deslocamento do fluxo e diminui a condutividade axial da parede do canal. Como resultado, o fluxo de calor na fronteira sólido-líquido será mais uniforme. A utilização de um substrato com elevada condutividade térmica reduz a temperatura máxima e a resistência térmica do microcanal como resultado do aumento da condutividade axial.

Por outro lado, com a construção de um dispositivo de laboratório, foi investigado experimentalmente o comportamento térmico e hidrodinâmico do fluxo de nanofluidos contendo nanotubos de carbono de paredes simples e múltiplas. Este dispositivo inclui diferentes partes para empurrar o nanofluido dentro de 16 micro canais paralelos com uma secção quadrada num substrato de cobre.

O nanofluido é produzido através da distribuição de nanotubos de carbono funcionalizados produzidos no instituto de investigação da indústria petrolífera. Nesta secção, a viscosidade e a condutividade térmica dos nanofluidos com estruturas de carbono foram modeladas numa determinada gama de temperatura e percentagem de peso. Os dados de laboratório mostram que a rugosidade da superfície, ao criar uma viscosidade de escoamento próxima da viscosidade efectiva do nanofluido, ao contrário do comportamento dos canais lisos, aumenta o número de Poissel na região hidrodinâmica desenvolvida.

Por outro lado, a baixos Reynolds, o efeito da rugosidade da superfície no número de Poissel desaparece e, nestas condições, o escoamento no interior de micro canais rugosos actua como o seu homólogo em micro canais lisos.

O aumento do número adimensional de Grashof pode aumentar as forças de flutuação do fluxo e, consequentemente, aumentar a mistura, especialmente junto à parede rugosa das secções micrométricas.

Em geral, em números de Reynolds baixos, apesar do aumento do coeficiente de transferência de calor com a introdução de nanopartículas no fluido de base, a percentagem de peso e o tipo de partículas não afectam o coeficiente de transferência de calor por deslocamento. Por outro lado, em números de Reynolds mais elevados, a percentagem de peso e o tipo de partículas distribuídas no fluido de base afectam o coeficiente de transferência de calor do deslocamento do fluxo do nanofluido.

Por conseguinte, existe uma necessidade urgente de desenvolver fluidos de transferência de calor com uma condutividade térmica muito elevada e de transferir esta tecnologia para a indústria automóvel. Recentemente, foi efectuada investigação sobre nanofluidos metálicos contendo nanopartículas de cobre com um diâmetro inferior a 10 nm que foram dispersas em etilenoglicol.

Estes estudos mostram que, numa fração de volume muito pequena de nanopartículas, a condutividade térmica pode ser superior à condutividade do próprio fluido ou dos nanofluidos de óxido (como o óxido de cobre e o óxido de alumínio com um diâmetro médio de partícula de 35 nm). Uma vez que nenhuma das teorias habituais previu os efeitos do diâmetro das partículas ou da sua condutividade na condutividade dos nanofluidos, estes resultados são inesperados.

Recentemente, foram produzidos nanofluidos contendo nanotubos de carbono e os resultados das experiências realizadas com estes nanofluidos mostraram que a presença de nanotubos num fluido aumenta significativamente a sua condutividade térmica. Mais interessante é o facto de o aumento da condutividade térmica relacionado com os nanotubos ir um passo além das previsões feitas pelas teorias existentes.

Afinal de contas, o diagrama de condutividade térmica medido em termos de volumes parciais é não linear, enquanto as teorias comuns mostravam claramente a existência de uma relação linear entre estes dois parâmetros. Entre as principais caraterísticas dos nanofluidos que foram descobertas até à data, contam-se condutividades térmicas muito mais elevadas do que as mostradas pelas suspensões convencionais, a existência de uma relação não linear entre a condutividade térmica e a concentração de nanotubos de carbono nos nanofluidos, bem como a forte dependência da condutividade térmica em relação à temperatura e um aumento significativo do fluxo denominado calor crítico.

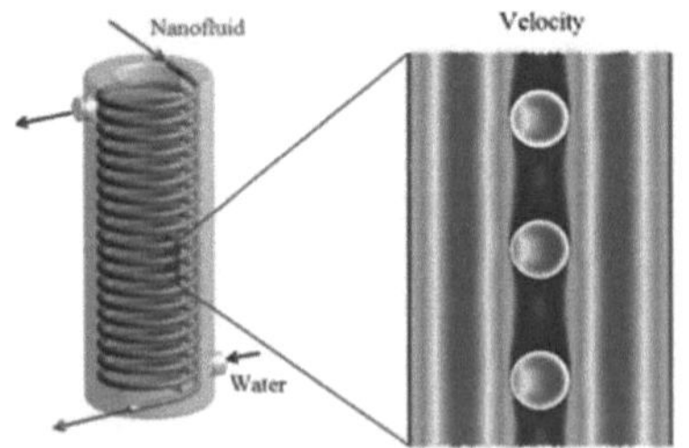

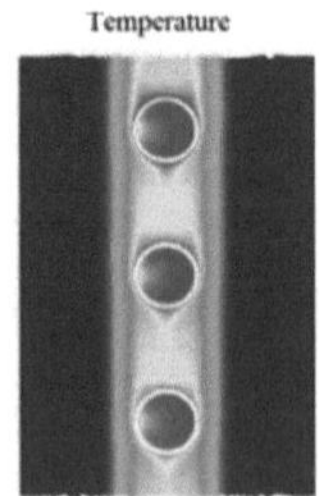

Figura 33. Transferência de calor e análise do desempenho do fluxo de nanofluidos em permutadores de calor de tubos helicoidais

Cada uma destas caraterísticas, no seu lugar, é muito desejável para os sistemas térmicos e, em conjunto, fazem dos nanofluidos os melhores candidatos para a produção de refrigerantes de base líquida. Estas descobertas também mostram claramente a existência de limitações fundamentais nos modelos convencionais de transferência de calor para suspensões sólido/líquido.

Entre os factores de transferência de calor nos nanofluidos contam-se: o movimento das nanopartículas, a superfície molecular estratificada do líquido na interface entre o líquido e as partículas, as transferências de calor por projétil nas nanopartículas e o efeito da agregação das nanopartículas.

Em julho de 2000, foi aprovado um novo projeto com o objetivo de descobrir parâmetros que têm sido ignorados nas teorias existentes e os conceitos fundamentais dos mecanismos de melhoria da transferência de calor dos nanofluidos, bem como a descoberta da base teórica para o aumento anormal da condutividade térmica dos nanofluidos, com o apoio do Departamento de Energia dos EUA e do Centro de Energia para as Ciências Básicas. A estrutura das nanopartículas em nanofluidos está a ser investigada e testada pela fonte avançada de fotões do Laboratório Nacional de Árgon.

De acordo com os resultados comunicados pela Texas A&M University, esta universidade está a estudar a relação entre o movimento das nanopartículas e o aumento da transferência de calor nas mesmas. Utilizando os resultados recolhidos, é possível desenvolver um novo modelo de transferência de energia em nanofluidos que depende do tamanho das nanopartículas, da estrutura e do efeito dinâmico nas propriedades térmicas dos nanofluidos.

Esta forma de ligar diferentes domínios científicos e projectos conjuntos conduziu à descoberta de novas fronteiras. Na investigação em termofísica, será utilizada para a conceção e engenharia no domínio da produção de refrigeradores. A investigação sobre nanofluidos poderá conduzir a um avanço inesperado em sistemas híbridos líquido/sólido para inúmeras aplicações de engenharia, incluindo refrigerantes para automóveis e camiões pesados. Um dos principais efeitos desta investigação é aumentar a eficiência energética, tornar os sistemas de aquecimento mais pequenos e mais leves, reduzir os custos operacionais e limpar o ambiente.

Nanofluidos e camiões avançados

Devido à necessidade de motores mais potentes, os fabricantes de camiões estão constantemente à procura de formas de expandir os designs aerodinâmicos dos seus veículos. Entre os esforços neste domínio está o objetivo de reduzir a quantidade de energia necessária para lidar com resistências elevadas. Num camião pesado normal com uma velocidade de 110 km/h, cerca de 65% da eficiência total do motor é gasta a ultrapassar a resistência aerodinâmica, e uma das principais razões para isso é a resistência do ar. Nos sistemas de arrefecimento, são necessários radiadores diferentes consoante o tipo de fluido utilizado.

Para transferir o calor do motor para o radiador e, finalmente, libertar esse calor para o ambiente circundante, é necessário utilizar fluidos com elevada capacidade térmica. Estes fluidos são capazes de absorver calor sem aumentar a sua própria temperatura e, em seguida, transferi-lo muito lentamente para o ambiente circundante sem necessidade de mais fluido. Se a velocidade de transferência de calor pelos fluidos for de alguma forma aumentada, a conceção dos radiadores torna-se mais fácil e mais eficaz, e estes podem ser mais pequenos. Além disso, o tamanho das bombas de arrefecimento dos veículos pode ser reduzido.

Os motores dos camiões também podem produzir mais potência devido ao facto de trabalharem a temperaturas mais elevadas. Aumentar a condutividade térmica dos líquidos de refrigeração pode também ser uma boa ideia para a produção de células de combustível avançadas e veículos de combustível duplo/elétrico. Os investigadores do Laboratório Argonne estão a encontrar uma forma de aumentar significativamente a condutividade térmica dos líquidos de refrigeração em motores convencionais sem afetar negativamente as suas capacidades térmicas.

O departamento de energia do Laboratório Argon está a trabalhar em conjunto com a empresa Valvo Line no domínio do desenvolvimento de nanofluidos refrigerantes e óleos lubrificantes para motores de camiões. Os investigadores do Argon estão atualmente a utilizar um método de uma etapa para produzir nanofluidos à base de nanopartículas metálicas e um método de duas etapas para produzir nanofluidos à base de nanopartículas de óxido, ambos métodos relativamente fáceis e económicos para produzir nanofluidos. Atualmente, os investigadores do Argonne estão a investigar o efeito da fuligem no óleo do motor. A quantidade de fuligem no óleo do motor é por vezes superior ao esperado. Embora as partículas de fuligem não sejam tão pequenas como as partículas nanométricas encontradas nos nanofluidos, os investigadores descobriram que a sua acumulação no óleo do motor leva a um aumento de 15% na condutividade térmica do óleo do motor. Com base nestas descobertas, os investigadores produziram um sensor que pode mostrar o funcionamento do motor medindo o aumento da condutividade térmica das partículas de fuligem recolhidas no óleo do motor.

Nanofluidos metálicos e motores de refrigeração

As caraterísticas dos motores diesel estão a mudar rapidamente em termos de reacções limitadas e de eficiência de trabalho. Os sistemas de arrefecimento têm de ser capazes de funcionar a temperaturas mais elevadas e de transferir maiores quantidades de calor para o ambiente circundante. O tamanho dos radiadores também deve ser reduzido para que o equipamento adicional dos camiões seja removido e o transporte com eles se torne mais fácil. Realisticamente, encapsular mais potência de arrefecimento em menos espaço só será possível através da utilização de novas tecnologias, como os nanofluidos.

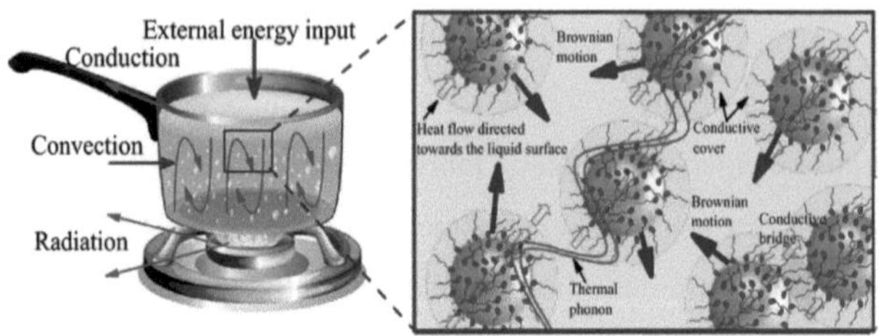

Figura 34. Mecanismo de transferência de calor em nanofluidos

Outra aplicação destes modelos é a previsão da condutividade térmica de um nanofluido com base na concentração, temperatura de funcionamento e tamanho das nanopartículas dispersas no fluido. Afinal, é possível que as propriedades das nanocamadas formadas na superfície das nanopartículas em suspensão sejam um fator de aumento da condutividade térmica dos nanofluidos.

Os dois mecanismos-chave do movimento browniano e das nanocamadas são um dos factores mais importantes para aumentar a condutividade térmica dos fluidos de transferência de calor. Os investigadores do Laboratório Argon estão a investigar os possíveis perigos dos nanofluidos para os sistemas de radiadores. Conseguiram construir um dispositivo capaz de medir e testar o efeito de diferentes fluxos de arrefecimento no desempenho de um radiador. A investigação futura centrar-se-á mais no tipo de nanopartículas utilizadas no fabrico de nanofluidos, incluindo partículas de alumínio e nanopartículas de óxido de metal revestidas.

Cálculo da transferência de calor em níveis nanométricos

Utilizando uma nano ponta, com uma fonte de calor à escala nanométrica, os cientistas conseguiram aquecer uma superfície local sem a contactar; esta descoberta conduzirá à construção de dispositivos térmicos para armazenamento de informação e nano termómetros. Todos os anos, a necessidade humana de armazenar informação aumenta cada vez mais.

Compreender a forma como o calor se transfere à nanoescala é um requisito para a utilização desta tecnologia eficaz no armazenamento de informação. Cientistas de todo o mundo estão a tentar encontrar tecnologias alternativas aos actuais sistemas de armazenamento de informação para satisfazer as necessidades crescentes das sociedades actuais em termos de armazenamento de informação; a tecnologia térmica de armazenamento de informação está entre as opções que a alcançaram.

Neste método, através da utilização de um laser, o disco desejado é aquecido para armazenar informações e, assim, o processo de gravação magnética torna-se estável. Assim, torna-se mais fácil escrever dados no disco e, depois de este arrefecer, os dados podem ser recuperados novamente. Ao utilizar este método, resolve-se o problema crítico do limite superparamagnético que os dispositivos de registo magnético enfrentam. Nos métodos actuais, os cientistas encolhem bits de informação que funcionam à temperatura ambiente até um determinado tamanho, mas, ao fazê-lo, os bits tornam-se magneticamente instáveis e deslocam-se, apagando assim a informação neles contida.

Os resultados da investigação sobre nanofluidos em permutadores de calor

1. O efeito do nanofluido prata-água na melhoria da eficiência de um permutador de calor de placas onduladas (PHE).

Neste sentido, foi fornecido um dispositivo de laboratório para detetar a taxa de transferência de calor e a queda de pressão do nanofluido. Os resultados mostraram que o coeficiente global de transferência de calor para 100 ppm de nanofluido de prata aumenta de 6,18% para 16,79%. Ao utilizar o nanofluido, não se observou um aumento significativo da queda de pressão. Além disso, as temperaturas e as taxas de fluxo do processo tiveram muitos efeitos sobre a utilidade da aplicação do nanofluido no permutador de calor de placas.

2. O efeito de diferentes grupos funcionais covalentes nas propriedades termofísicas do fluido à base de nanotubos de carbono

Para esclarecer esta questão, a cisteína (CYS) e a prata (Ag) foram ligadas covalentemente à superfície de nanotubos de carbono de paredes múltiplas (MWCNT). Para calcular as propriedades térmicas, foram utilizados como refrigerantes diferentes nanofluidos à base de água, tais como nanotubos de carbono de paredes múltiplas (MWCNT) funcionalizados com goma arábica e nanotubos de carbono de paredes múltiplas (MWCNT) funcionalizados com cisteína (FMWCNT-CYS) e prata (FMWCNT-Ag). Foram utilizados no permutador de calor de placas onduladas (PHE). Verificou-se que o aumento do número de Reynolds, do número de Peclet ou da fração de volume melhora as caraterísticas de transferência de calor do nanofluido. Com uma concentração de 1%, obtiveram-se aumentos de 41,3073% e 41,3058% nos coeficientes de transferência de calor no número de Peclet mínimo e máximo, respetivamente.

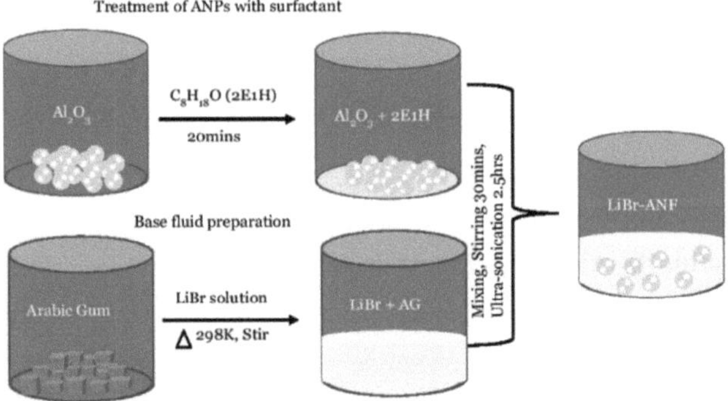

Figura 35. Preparação de nanofluido binário com aditivos de transferência de calor por funcionalização da superfície das partículas

3. Efeitos do fluxo gerador de vórtices (VG) e do nanofluido cobre-água no desempenho de permutadores de calor de placas e alhetas

Foi construído um circuito de teste muito preciso para obter resultados exactos das caraterísticas de transferência de calor e de queda de pressão. Com base nos resultados, a utilização do canal VG em vez do canal simples aumenta significativamente a taxa de transferência de calor. Além disso, os resultados mostraram que o canal VG é mais eficaz do que o nanofluido no desempenho dos permutadores de calor de placas e alhetas.

Observou-se que a combinação destas duas técnicas de melhoria da transferência de calor tem um desempenho termo-hidráulico muito elevado, que aumenta até 1,67. As investigações efectuadas no permutador de calor de placas (PHE) mostram o excelente desempenho dos nanofluidos em termos de caraterísticas de transferência de calor. Com base nos resultados obtidos, pode concluir-se que o coeficiente de transferência de calor aumenta com o aumento da fração volumétrica, o que pode ser relacionado e justificado pelo aumento das propriedades termofísicas.

No entanto, alguns estudos são inconsistentes com esta conclusão e tendem a concluir que a eficiência da transferência de calor é intensificada pela redução da concentração de nanofluidos e pelo aumento do número de Reynolds e do número de Peclet. Os permutadores de calor de placas (PHE) têm mais parâmetros geométricos do que outros permutadores de calor devido à presença de placas. Por este motivo, muitos estudos sobre a aplicação de nanofluidos em permutadores de calor de placas (PHE) centraram-se nas suas caraterísticas geométricas.

Transferência de calor por nanofluidos

Os sistemas de arrefecimento são uma das preocupações mais importantes das fábricas e indústrias como a microeletrónica e de qualquer lugar que seja confrontado com a transferência de calor de alguma forma, com o progresso tecnológico em indústrias como a microeletrónica, que a escalas inferiores a cem nanómetros, operações rápidas e de volume acontecem a velocidades muito elevadas (vários gigahertz) e a utilização de motores com elevada potência e carga térmica torna-se muito importante, a utilização de sistemas avançados de arrefecimento e otimização é inevitável. A otimização dos sistemas de transferência de calor existentes é geralmente feita através do aumento da sua área de superfície, o que aumenta sempre o volume e o tamanho destes dispositivos, pelo que, para ultrapassar este problema, são necessários refrigeradores novos e eficazes, tendo sido propostos nanofluidos como uma nova solução neste contexto.

Os nanofluidos são constituídos por uma suspensão de nanopartículas ou fibras sólidas com um tamanho inferior a 100 nm num líquido de base. De facto, a boa parte das partículas sólidas num líquido é geralmente conhecida como suspensão coloidal.

Os sistemas coloidais são muito úteis; encontram-se nas células vivas da natureza. Além disso, estão presentes em muitas reacções químicas, em muitos sistemas são mediadores à base de água, e as partículas têm a forma de macromoléculas ou de uma massa de moléculas. Os colóides são de grande interesse devido às suas propriedades reológicas. Apresentam um comportamento de cisalhamento interessante, dependendo da velocidade de corte, da espessura e da finura do cisalhamento, podendo observar-se que a finura é uma diminuição da viscosidade efectiva e a espessura é um aumento da viscosidade efectiva.

O estudo das transferências de calor em sólidos divididos em líquidos nos últimos anos mostrou que as suspensões de poliestireno em tamanhos sub-micrónicos em solução de glicerina aumentam a transferência de calor, um dos principais obstáculos à utilização destas partículas micrónicas é o aumento da corrosão e do desgaste no sistema. Com o advento da nanotecnologia. A utilização de nanopartículas levou à criação de um sistema coloidal estável, mais tarde conhecido como nanofluidos. Ao contrário das micro-suspensões, a nano parte pode formar um sistema com elevada resistência. Esta caraterística é utilizada em sistemas em que um fluido é utilizado para a transferência de energia.

O primeiro aumento da transferência de calor com nanopartículas foi registado por Masuda no Japão. O seu grupo de investigação anunciou que a condutividade térmica da suspensão ultrafina de sílica-alumina e outros óxidos minerais em água atingirá um valor significativo de até 30% para uma fração total de 4,3%. Nas mesmas condições, o fator de fricção será quase quatro vezes superior. Nos Estados Unidos, Choi do Laboratório de Investigação de Argonne criou uma nova classe de engenharia de fluidos sob o título de permutadores de calor em 1995, e o termo nanofluido foi também utilizado pela primeira vez por Choi.

Wang também realizou experiências no domínio da condutividade térmica para alumina e oxiras utilizando o fluido à base de água de vatileno glicol. Observou que o aumento da condutividade térmica aumenta com a diminuição do tamanho das partículas. Este aumento foi proporcional à fração de massa da partícula no fluido de base. Para as partículas de alumina, observou um aumento máximo de 12% numa fração mássica de 3% e um aumento da viscosidade de 20-30%.

Verificou que a viscosidade tem uma dependência quadrática da fração de massa de 3% e um aumento da viscosidade de 20-30%. Verificou que a viscosidade tem uma dependência quadrática da fração de massa das partículas, enquanto esta dependência é linear para a condutividade térmica.

Num estudo semelhante, Pak relatou um aumento de três vezes na viscosidade da alumina com a mesma fração de volume. De acordo com estes materiais, é evidente que a homogeneização dos nanofluidos deve ser optimizada de acordo com os parâmetros de tamanho, fração de massa, forma das partículas e temperatura antes de serem mencionados como uma opção para aumentar a transferência de calor. Eastman, em 2001, demonstrou que partículas de cobre de 10 nm em etilenoglicol podem aumentar a condutividade até 60%, mesmo quando adicionadas numa quantidade muito pequena (menos de 0,3%), com o óxido de cobre a aumentar até 20% para a fração de massa.

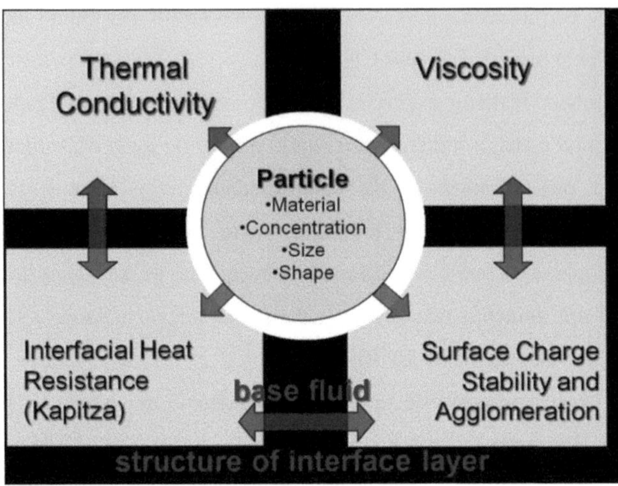

Figura 36. Nanofluidos para transferência de calor: uma abordagem de engenharia

Atingirá 4%. Estes resultados mostram claramente o efeito da dimensão das partículas no aumento da condutividade. É claro que temos de prestar atenção ao efeito do tamanho quântico em tais dimensões. Tem havido muita discussão sobre estes efeitos. Por exemplo, Patel mostrou que, com o mesmo rácio entre a área de superfície e o volume, podemos atingir diferentes condições de condutividade térmica se forem utilizados diferentes materiais.

Esta questão indica que a questão quântica do fenómeno de transferência não é irrelevante. Das investigou a condutividade térmica de partículas de alumina e óxido de cobre em água para diferentes intervalos de temperatura de 20-50C e diferentes condições de precipitação. Observaram um aumento linear entre a condutividade térmica e a temperatura, mas para a mesma fração de volume, a taxa de aumento do óxido de cobre é superior à da alumina.

As experiências foram repetidas para nanopartículas de ouro em tolueno e verificou-se que o aumento da condutividade térmica em fracções maiores é a utilização de nanotubos de carbono como um novo ideal no domínio dos nanofluidos. É importante notar que o carbono é hidrofóbico e não se pode dissolver em água sem a presença de redox. Choi registou um aumento significativo da condutividade térmica dos nanotubos de carbono de paredes múltiplas (MWNT) em suspensão de óleo. Os resultados mostraram que, ao contrário dos nanopós, a condutividade térmica tem uma variação quadrática com a fração de volume. Para 1% de nanotubos totais, mostraram um aumento de 250% na condutividade térmica do óleo, o que é muito mais elevado e muito mais do que as nossas observações de nanopartículas de óxido.

De acordo com o exposto, pode dizer-se que os nanofluidos têm atraído a atenção de muitos cientistas nos últimos anos devido ao aumento das propriedades térmicas. Por exemplo, uma pequena quantidade (cerca de uma percentagem total) de nanopartículas de cobre ou nanotubos de carbono em etilenoglicol ou óleo pode aumentar a condutividade térmica destes fluidos em 40% e 250%, respetivamente.

Para conseguir esse aumento em suspensões normais, são necessárias concentrações superiores a dez por cento de partículas. Isto enquanto os problemas reológicos e de estabilidade destas suspensões normais requerem concentrações superiores a dez por cento de partículas. Isto enquanto os problemas reológicos e de estabilidade destas suspensões em concentrações elevadas impedem a sua utilização generalizada na transferência de calor. Em algumas investigações, a condutividade térmica da nanopolítica é várias vezes superior às previsões teóricas, e outro ponto interessante é a extrema dependência da condutividade térmica dos nanofluidos em relação à temperatura e o aumento de quase três vezes do seu fluxo de calor crítico em comparação com os fluidos normais.

Estas alterações nas propriedades térmicas dos nanofluidos não interessam apenas aos investigadores, mas, em caso de sucesso e confirmação da estabilidade, podem criar um futuro promissor na gestão térmica da indústria, naturalmente, a partir da suspensão de nanopartículas metálicas noutros domínios, incluindo as indústrias farmacêutica e de tratamento. O cancro também tem sido utilizado e a investigação no domínio das nanopartículas tem um futuro muito vasto.

A fim de determinar quantitativamente a eficácia da utilização de nanopartículas na melhoria das propriedades térmicas dos fluidos, foi apresentado o coeficiente de condutividade térmica para fluidos comuns em sistemas de engenharia. Muitos artigos referem que o mecanismo de transferência e penetração de materiais na gama das nanopartículas não é válido e que a transferência de calor nas nanopartículas é balística.

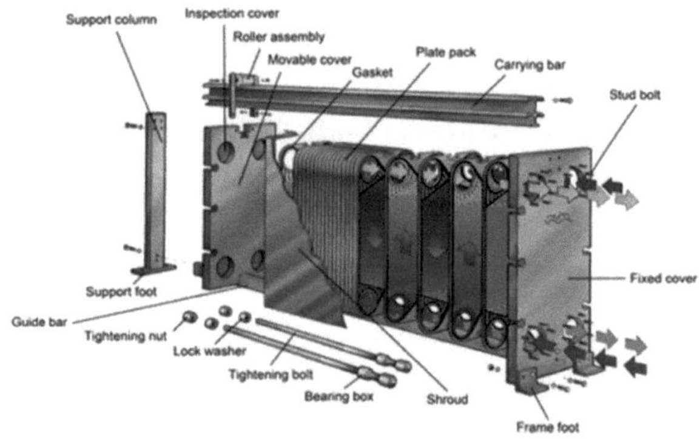

Figura 37. Melhoria da transferência de calor com nanofluidos em permutadores de calor de placas

Uma vez que as partículas sólidas permanecem necessariamente a uma temperatura constante na transferência cáustica ou na transferência de fónons emitidos, é criada uma forma de fronteira constante para a transferência de calor nas fronteiras. Além disso, se os fonões balísticos entrarem numa partícula, podem transmitir vibrações a outras partículas sólidas e aumentar significativamente a transferência de calor.

O caminho livre médio dos fões nos líquidos é muito pequeno. Porque o tamanho geométrico é limitado ao diâmetro de pequenos átomos. Uma vez que as partículas se deslocam continuamente por movimento browniano, é possível que, por vezes, ocorra uma transferência contínua de fões mesmo em baixas concentrações de partículas.

Talvez os mecanismos acima referidos estejam corretos na visualização da transferência de calor em nanofluidos. Mais tarde, mostraremos que as simulações de dinâmica molecular com potenciais interatómicos podem descrever transições complexas de fões no volume e na interface das nanopartículas.

Propriedades de transferência utilizando a dinâmica molecular

Introduzimos aqui uma técnica geral para definir as propriedades de transferência de nanofluidos. Os coeficientes de transferência mostram as propriedades dos fluidos em condições de não-equilíbrio. Por exemplo, a condutividade térmica é uma caraterística associada à transferência de calor. Do mesmo modo, os coeficientes de viscosidade e de difusão estão também relacionados com a transferência de massa e de massa.

Estes coeficientes são geralmente conhecidos como uma determinada constante e sob a forma de um mecanismo contínuo. Por outras palavras, a teoria da resposta linear na mecânica estatística fornece uma bolsa teórica para lidar com todos os coeficientes de transferência utilizando funções dependentes do tempo. Estas funções mostram o aumento e a diminuição da temperatura no fluido. Estas funções também descrevem a resposta do fluido a uma perturbação externa. Por conseguinte, a teoria da resposta linear dos coeficientes de transferência é avaliada em condições de equilíbrio.

As funções dependentes do tempo são avaliadas por simulação de dinâmica molecular MD e podem ser calculadas por alterações dinâmicas médias nas fêmeas. A única entrada para uma simulação MD, para além das condições iniciais, é o potencial interatómico. Na simulação MD, simulamos as moléculas diretamente sem quaisquer pressupostos simplificadores. As moléculas obedecem às leis clássicas da mecânica newtoniana.

A forma fechada da solução para um problema n orgânico não está disponível, exceto para n=z. É praticamente possível integrar as equações acopladas do movimento de cada molécula no tempo utilizando técnicas numéricas. Em MD, o movimento das moléculas ou dos átomos em relação uns aos outros baseia-se no potencial. É interatómico.

Estes potenciais foram obtidos em laboratório para materiais como o árgon e o carbono e, para outro grupo de materiais, foram obtidos valores exactos de potenciais interatómicos utilizando a teoria das funções de intensidade ou técnicas de mecânica quântica. De acordo com esta teoria, podemos simular nanofluidos complexos de muitos materiais diferentes sem qualquer hipótese de simplificação.

Qualquer coeficiente de transferência pode ser obtido diretamente a partir das equações dinâmicas de fluidos contínuos após a gama de comprimentos de onda longos (k pequeno) a partir da forma das equações de transporte. As incorporações entre as funções dependentes e os coeficientes de transição como relações de Green. Estas relações para os coeficientes de penetração são dadas na forma seguinte.

$$4(t) = \frac{< v(t)v(0)}{[v(0)]^2}$$

$$Mxg = \frac{v}{3k_B T_0} \{< \sum_{n<g} Zng(t)Zng(0) > dt$$

Onde Cxg é o tensor de tensão de cisalhamento.

$$Zxg = \frac{1}{V}[Mjvxjvgt + \frac{1}{2}\sum rnijfuij]$$

fij é a força entre os átomos e rij é a distância entre eles.

A condutividade térmica é calculada da seguinte forma.

$$K = \frac{V}{3k_B T}\int_o^{oo} < \sum J(t).J(0) > dt$$

Onde J é o fluxo de transferência de calor.

$$J = \frac{1}{V}[\sum_j h\lambda j + \frac{1}{2}[\sum_{i7j} rij(fijVi)]$$

Em seguida, serão efectuados alguns resultados de simulação MD em sistemas simples. Não tem potencial; são utilizados 6-12 pontos de ebulição para simular um líquido denso. Os coeficientes de transferência são também calculados a partir das relações de Green-Kubo. Em MD, são frequentemente utilizadas unidades reduzidas ou sem dimensão. A densidade decrescente é dada como $f=fE^3$, onde E é o comprimento paraster no potencial de Lennard-Joes, similarmente, a densidade decrescente é T=TBT/4, que é a constante paraster de energia.

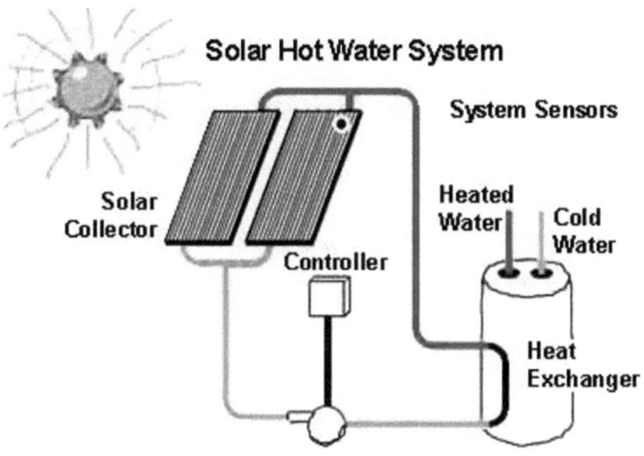

Figura 38. Nanofluidos

Medição da condutividade térmica de nanofluidos

O método de fio quente-passagem rápida é um método importante para medir a condutividade térmica, que tem sido amplamente utilizado para medir a condutividade térmica de nanofluidos. Este sistema inclui a utilização de fios quentes sensíveis feitos de liga de crómio-níquel com um fusível de teflon. É mais barato e tem menos erros na medição da condutividade eléctrica do fluido em comparação com o fio de platina de liga de níquel-cromo. A equação utilizada para descrever este método é a seguinte

$$T(t)-T_1=\frac{q}{4\pi k}(\frac{4Dt}{r^2c})$$

T(t) é a temperatura do fio imerso no fluido no tempo T, T_1 é a temperatura inicial do fluido no recipiente, q é a potência de entrada por metro do fio sensível, k é a condutividade térmica, D é a penetração térmica do fluido, r é o raio do fio sensível e Lnc é a constante inicial. Assumindo uma relação linear entre as variações de Lnt e a temperatura, a condutividade térmica k pode ser calculada da seguinte forma, de acordo com o princípio de Fourier.

$$K=\frac{q}{4\pi(T_2-T_1)}Ln(\frac{t_2}{t_1})$$

O fio sensível utilizado neste sistema é uma liga de Ni-Cr com um diâmetro de 0,2 nm e revestimento de Teflon. O fio é fixado na fibra de vidro de suporte e é intencionalmente imerso numa célula que contém uma amostra de nanofluido. Todo o sistema está ligado a um circuito de arrefecimento térmico para manter a temperatura constante a C30. Neste ensaio, a amostra é constituída por 101% e 202% de nanopartículas CUO com um diâmetro médio de 85 nm, e cada amostra é testada 20 vezes com uma duração de 10 segundos. O tempo de medição é considerado curto para evitar o fluxo de convecção que afecta a precisão do ensaio. De acordo com a potência média de entrada e a tensão de saída, o rácio dos parâmetros eléctricos do nanofluido e do líquido de base é obtido a partir da equação 16 e, em seguida, o rácio do aumento da condutividade térmica é calculado a partir do seu rácio.

Condutividade térmica de nanofluidos

A condutividade térmica dos nanofluidos tem sido a mais estudada. A maior parte das investigações também se debruçou sobre o problema da condução de calor em fluidos imóveis. Porque o nano-selo é considerado um material compósito. A sua condutividade térmica é obtida através da teoria do meio eficaz, que foi obtida por Musotti, Clausius, Maxwell e Loranza no século XIX. Se considerarmos os efeitos da interface de nanopartículas esféricas, em quantidades muito pequenas de nanopartículas, todos os modelos derivados da teoria do meio efetivo ϕ têm a mesma solução com a componente de volume. Nos casos em que as nanopartículas têm uma condutividade térmica elevada, prevê-se que a condutividade térmica do nanofluido aumente em 3ϕ , o que é uma boa estimativa para os casos em que a condutividade das partículas é mais de 20 vezes superior à do fluido. Naturalmente, a resistência da interface entre a nanopartícula e o fluido à sua volta reduz a previsão desta teoria.

Naturalmente, quanto mais finas forem as partículas, esta resistência diminui. Em concentrações elevadas de nanopartículas, se as massas das nanopartículas forem pequenas, a teoria da média efectiva dá uma boa resposta. Porque a massa de nanopartículas ocupa mais espaço do que as nanopartículas individuais e, por conseguinte, a componente volumétrica da massa é superior à das nanopartículas individuais. Em massas densas de nanopartículas, a densidade relativa é de cerca de 60%, e nos casos em que as massas são mais abertas em termos de estado estrutural, verificamos um aumento maior, o que os resultados laboratoriais também mostram. Naturalmente, a condutividade térmica das nanopartículas a granel é menor do que a das partículas individuais. Embora não seja um fator importante contra a elevada condutividade térmica das nanopartículas.

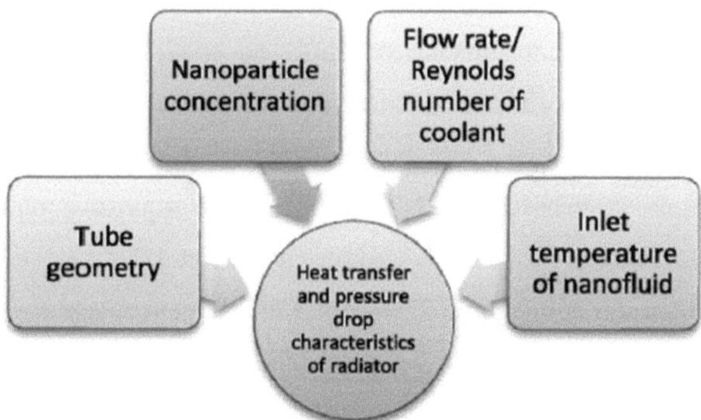

Figura 39. Fator que afecta o desempenho do nanofluido na transferência de calor

Efeito da temperatura

Das mediu a vantagem de temperatura efectiva de Al 0_{23} e CUO em água na gama de temperaturas de 21-510c, e relatou um aumento de temperatura duplo a 210c e quatro vezes a SL0C. Observaram também que as nanopartículas que contêm partículas CUO mais pequenas apresentam um maior aumento da condutividade térmica com a temperatura.

O efeito do tempo de vibração acústica

Kwak e Kim estudaram as propriedades reológicas e o aumento da condutividade térmica dos nanofluidos de Cu etilenoglicol com a temperatura. As imagens TEM mostraram que as partículas de 10-30 Na CU têm uma forma quase esférica com um rácio de comprimento/diâmetro de 3 e a maioria das partículas está sob condições de compressão. A agitação ultra-sónica é utilizada para separar as partículas. Se o período de agitação for demasiado longo, as partículas voltam a colar-se umas às outras. Para estimar o período ótimo de agitação, alteraram a duração de 1 para 30 horas e mediram o tamanho médio das partículas e atingiram o tempo e a hora óptimos e a queda média das partículas foi de 60 nm.

As investigações efectuadas na última década mostraram que as almas apresentam uma condutividade térmica de 3000w/mk para o tipo SWCNT e de 6000w/mk para o tipo SWCNT, o que é muito superior à do cobre. Além disso, foi registado um aumento de 150% na condutividade térmica com cerca de 1% de nanotubos de carbono. Foram efectuados muitos estudos no domínio da suspensão de nanotubos de carbono em diferentes fluidos. Ekti preparou uma suspensão de CNT numa solução aquosa e observou um aumento de 10-20% na condutividade térmica com 1% de CNT. Enquanto Ding alcançou um aumento de 25% com a mesma percentagem volumétrica de CNT, Heng também atingiu um pico de aumento de 10% no domínio da dispersão de CNT em óleos poliolefínicos com apenas 0,1% de CNT WT.

Apesar do extraordinário aumento da condutividade térmica através da utilização da cabeça de suspensão de CNT, existe um sério desafio técnico para o funcionamento eficiente e estável dos CNT num meio orgânico ou aquoso. A presença de propriedades hidrofóbicas devido à estrutura de grafite dos CNT e a elevada tendência para formar aglomerados e massas de nanopartículas provoca uma separação de fases e uma fraca adesão no líquido de base, que o iodo supera com uma homogeneização adequada.

Injeção de solução nano que melhora a transferência de calor no fluido de transporte

A utilização de fluidos para a transferência de calor é utilizada há anos. O coeficiente de transferência de calor e a condutividade térmica do fluido de transporte de energia desempenham um papel importante e fundamental no aumento da eficiência da transferência de calor em equipamentos como os permutadores de calor. Os fluidos de transporte de energia mais comuns na maioria das indústrias são fluidos como a água, o óleo e o etilenoglicol.

A condutividade térmica dos metais é muito mais elevada do que a dos líquidos. Por exemplo, a condutividade térmica do cobre à temperatura ambiente é quase 700 vezes superior à da água e 3000 vezes superior à do óleo do motor. Por conseguinte, espera-se que a adição de partículas sólidas suspensas ao fluido de base aumente a transferência de calor, porque a condutividade térmica destas partículas é centenas de vezes superior à do fluido de base. As partículas sólidas utilizadas para este efeito são diferentes tipos de partículas metálicas, de óxido metálico, não metálicas ou de polímeros.

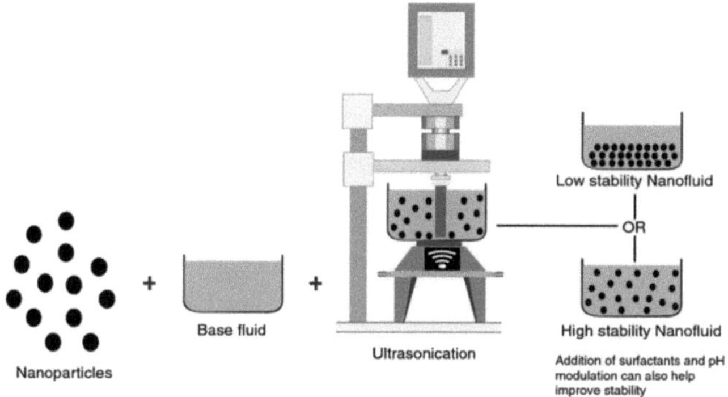

Figura 40. Revisão actualizada dos nanofluidos em vários dispositivos de transferência de calor

O aumento do coeficiente de condutividade térmica do fluido através da adição de partículas finas ao fluido de base tem sido utilizado desde há cerca de cem anos, utilizando partículas milimétricas e micrométricas, mas apesar do aumento da transferência de calor com partículas micrométricas, a utilização de partículas sólidas nestas dimensões também causa problemas. Alguns deles são:

- Sedimentação;
- Erosão;
- Bloqueio de tubos (Fouling);
- Aumento da queda de pressão no canal de escoamento (queda de pressão do canal de escoamento).

Os avanços notáveis da nanotecnologia permitiram ultrapassar estes problemas. Os nanofluidos são uma nova geração de fluidos com muitas capacidades em aplicações industriais, obtidos a partir da distribuição de partículas de dimensão nanométrica em fluidos normais, como a água ou o óleo. O tamanho das partículas utilizadas nos nanofluidos é de 1 nm a 100 nm. Estas partículas são feitas de metal, como o cobre (Cu), prata, ou óxido de metal, como o óxido de alumínio (Al O_{23}), óxido de cobre (CUO).

As partículas com o tamanho de nano-suspensões formam suspensões muito mais estáveis e a sua baixa velocidade de sedimentação reduz ao mínimo o problema de entupimento e bloqueio dos canais.

A investigação e os resultados experimentais mostram que, embora a viscosidade dos nanofluidos aumente em comparação com a do seu fluido de base, a adição de nanopartículas ao fluido de base resultará num aumento significativo do coeficiente de transferência de calor por condução no nanofluido e do seu coeficiente de condutividade térmica em relação ao valor correspondente no fluido de base. O coeficiente de condutividade térmica é muito maior e, por conseguinte, os nanofluidos são considerados opções muito adequadas para utilização em aplicações de transferência de calor. A condutividade térmica das nanopartículas depende de vários factores, como a percentagem volumétrica de nanopartículas, as matérias-primas, a forma das partículas, o tipo de fluido de base e a temperatura. Além disso, a quantidade e o tipo de aditivos e a acidez do nanofluido são eficazes no aumento da condutividade térmica.

O processo de transferência de calor e a utilização de permutadores de calor em muitas indústrias, existem sistemas de arrefecimento e sistemas de aquecimento, tais como permutadores solares ou sistemas de aquecimento de pavimentos. Aumentar a taxa de transferência de calor e a eficiência dos conversores equivale a poupar nos custos e na quantidade de energia. Algumas das vantagens da utilização de nanofluidos são

- Melhoria das transferências de calor e da estabilidade;
- Reduzir a potência necessária para a bombagem de fluidos;
- Reduzir o entupimento e a obstrução de condutas e canais;
- Reduzir a dimensão dos sistemas de transferência de calor;
- Redução dos custos;
- Sistemas térmicos mais pequenos e mais leves;
- Redução dos custos de funcionamento;
- Ajudar a preservar mais e melhor o ambiente.

Os nanofluidos poliméricos (poli nanofluidos) são concebidos para aumentar a condutividade térmica e melhorar o desempenho da transferência de calor, espalhando partículas de polímero de dimensões nanométricas em fluidos de transferência de calor comuns. Por exemplo, a utilização de nanopartículas de imida em etilenoglicol e óleo aumenta o coeficiente de transferência de calor do fluido de base em 40% e 150%, respetivamente. O movimento das nanopartículas de polímero, a superfície molecular de uma camada líquida na interface entre o líquido e as partículas, as transferências de calor por projécteis em nanopartículas de polímero e o efeito do agrupamento de nanopartículas são alguns dos factores de transferência de calor em fluidos polinucleares.

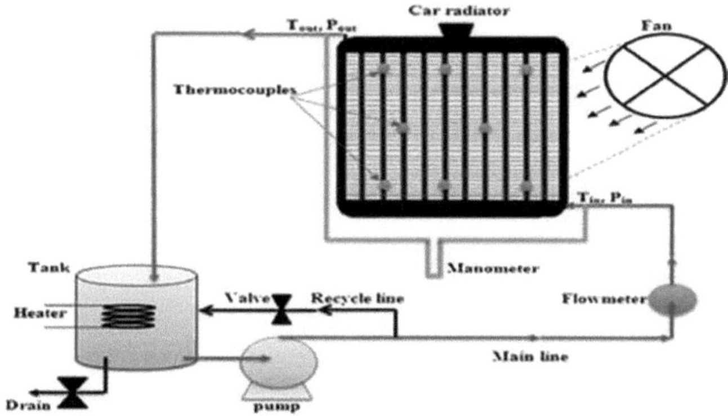

Figura 41. Aplicações de transferência de calor dos nanofluidos de TiO2

Referências

AbbasianArani, A.A., MazroueiSebdani, S., Mahmoodi b, M., Ardeshiri, A., Aliakbari. M., "Numerical study of mixed convection flow in a lid-driven cavity with sinusoidal heating on side wall susing nano fluid" Super lattices and Microstructures 51 (2012) 893-911.

Amrollahi, A., A. AHamidi e A.M. Rashidi, "The effects of temperature, volume fraction and vibration time on the thermo-physical properties of a carbon nanotube suspension (carbon nano fluid), Nanotechnology 19 (2008) 315701 (8pp).

Chamkhaa, Ali J., Abu-Nada, Eiyad, "Escoamento por convecção mista em cavidades quadradas de tampa simples e dupla preenchidas com nanofluido de água-Al2O3: Efeito dos modelos de viscosidade". European Journal of Mechanics B/Fluids (2012).

Corcione.M, "Empirical Correlating Equations for Predicting the Effective Thermal Conductivity and Dynamic Viscosity of Nano fluids", Energy Conversion and Management, (2011), 52, 789-793.

Dastmalchi.M, "Numerical study of nanoparticles transport in natural convection ofWater-Al2O3nanofluid with variable properties in a square enclosure", Departamento de Engenharia Mecânica, (2011), 86, 312-402.

Duangthongsuk, W., S. Wongwises, Measurement of temperature-dependent thermal conductivity and viscosity of TiO2-water nano fluids, Exp. Therm. Fluid Sci. 33 (4) (2009):706-714.

Fotukian.S.M, M. Nasr Esfahany, Investigação experimental da transferência de calor convectiva turbulenta de nano fluido diluído c-Al2O3-água dentro de um tubo circular, International Journal of Heat and Fluid Flow, (2010), 31,606-612.

Ghasemi, B., Aminossadati, S.M., 2010. "Convecção mista num recinto triangular com tampa preenchido com nanofluidos". Comunicações Internacionais em Transferência de Calor e Massa 37 (8), outubro, pp. 1142-1148.

Goharshadi, E. K., H. Ahmadzadeh, S. Samiee e M. Hadadian, "Nano fluids for Heat Transfer Enhancement-A Review". Phys. Chem. Res., Vol. 1, No. 1, junho de 2013 PP. 1-33.

Goharshadi, E.K., H. Ahmadzadeh, S. Samiee e M. Hadadian. "Nano fluidos para aumento da transferência de calor - uma revisão" Phys. Chem. Res., Vol. 1, No. 1, 2013, pp. 1-33.

H. Herwig, S.P. Mahulikar, Variable property effects in single-phase incompressible flows through micro channels, International Journal of Thermal Sciences, 45(10) (2006) 977-981.

Hamilton, R., O. Crosser, "Thermal conductivity of heterogeneous two-component systems", I and EC Fundamentals 125 (3) (1962):187-191.

Hemmat, Esfe, M., S. Saedodin, "An experimental investigation and new correlation of viscosity of ZnO-EG nano fluid at various temperatures and different solid volume fractions", Journal of Experimental Thermal and Fluid Science 55 (2014):1-5.

Hemmat, Esfe, M., S. Saedodin, O. Mahian, S. Wongwises, "Caraterísticas de transferência de calor e queda de pressão de DWCNTs funcionalizados com COOH / nanofluido de água em fluxo turbulento em baixas concentrações", International Journal of Heat and Mass Transfer 73 (2014): 186-194.

Hemmat, Esfe, M., S. Saedodin, O. Mahian, S. Wongwises, Condutividade térmica de nanofluidos Al2O3/água Medição, correlação, análise de sensibilidade e comparações com relatórios da literatura, Springer, 2014.

Kefayati.GH R, "FDLBM simulation of mixed convection in a lid-driven cavity filled with non-Newtonian nano fluid in the presence of magnetic field", International Journal of Thermal Sciences, (2015), 95, 29-46.

Khanafer.K, e Vafai. K., "A critical synthesis of thermophysical characteristics of nanofluids", International Journal of Heat and Mass Transfer, (2011), 54, 4410-4428.

Lotfi. R, Saboohi, Y, e Rashidi, A. M., "Numerical study of forced convective heat transfer of Nanofluids: Comparison of different approaches", International Communications in Heat and Mass Transfer, (2010), 73, 3774-78.

M. Ashouri, B. Ebrahimi, M. Shafii, M. Saidi, M. Saidi, Correlation for Nusselt number in pure magnetic convection ferro fluid flow in a square cavity by a numerical investigation, Journal of Magnetism and Magnetic Materials, 322(22) (2010) 3607-3613.

M. Sheikholeslami, S. Shehzad, Análise numérica do fluxo de nano fluido Fe3O4-H2O em meios permeáveis sob o efeito de fonte magnética externa, International Journal of Heat and Mass Transfer, 118 (2018) 182-192.

Mansour, M.A., Mohamed, R.A., Abd-Elaziz, M.M., Ahmed, S.E., 2010. "Simulação numérica de fluxos de convecção mista numa cavidade quadrada com tampa parcialmente aquecida por baixo usando nanofluido". Comunicações Internacionais em Transferência de Calor e Massa 37(10), dezembro, pp. 1504-1512.

Maré, T., A.G. Schmitt, C.T. Nguyen, J. Miriel, G. Roy, Transferência de calor experimental e estudo da viscosidade de nanofluidos: Água-c Al2O3, em: Proc. 2nd Int. Conf. Thermal Engrg. Theory and Applications, Paper No. 93, Al Ain, Emirados Árabes Unidos, 3-6 de janeiro de 2006.

Ojha, U., S. Das, S. Chakraborty, Estabilidade, pH e relações de viscosidade em nanofluidos à base de óxido de zinco sujeitos a ciclos de aquecimento e arrefecimento, J. Mater. Sci. Eng. 4 (7) (2010):24-29.

Praveen K. Namburu a, Devdatta P. Kulkarni a, Debasmita Misra b, Debendra K. Das, "Viscosity of copper oxide nanoparticles dispersed in ethylene glycol and water mixture". Exp. Therm. Fluid Sci. 32 (2007):397-402.

R. Azizian, E. Doroodchi, T. McKrell, J. Buongiorno, L. Hu, B. Moghtaderi, Efeito do campo magnético na transferência de calor convectiva laminar de nanofluidos de magnetite, International Journal of Heat and Mass Transfer, 68 (2014) 94-109.

R. Kumar, S. Mahulikar, Efeito da propriedade variável do fluido na transferência de calor e caraterísticas de fluxo de fricção da água que flui através do microcanal, Journal of Engineering Thermophysics, 27(4) (2018) 456-473.

R. Kumar, S.P. Mahulikar, Caraterísticas de transferência de calor da água que flui através do permutador de calor de microtubos com propriedades de fluido variáveis, Journal of Thermal Analysis and Calorimetry, 140(4) (2020) 1919-1934.

R. Shah, A correlation for laminar hydrodynamic entry length solutions for circular and noncircular ducts, Journal of Fluids Engineering (Transactions of the ASME) 100 (1978) 177-179.

R.K. Shah, A.L. London, Laminar flow forced convection in ducts: a source book for compact heat exchanger analytical data, Academic press, 2014.

R.W. Hornbeck, Laminar flow in the entrance region of a pipe, Applied Scientific Research, Section A, 13(1) (1964) 224-232.

Ravikanth, S. Vajjha, Debendra K. Das, "Experimental determination of thermal conductivity of three nano fluids and development of new correlations", International Journal of Heat and Mass Transfer 52 (2009):4675-4682

S. Mahulikar, H. Herwig, O. Hausner, F. Kock, Laminar gas micro-flow convection characteristics due to steep density gradients, EPL (Europhysics Letters), 68(6) (2004) 811.

S. Mahulikar, H. Herwig, Physical effects in laminar micro convection due to variations in incompressible fluid properties, Physics of Fluids, 18(7) (2006) 073601.

S.P. Mahulikar, H. Herwig, Physical effects in pure continuum-based laminar micro-convection due to variation of gas properties, Journal of Physics D: Applied Physics, 39(18) (2006) 4116.

S.V. Mousavi, M. Sheikholeslami, M.B. Gerdroodbary, A influência do campo magnético na transferência de calor do nanofluido magnético num permutador de calor de tubo duplo sinusoidal, Chemical Engineering Research and Design, 113 (2016) 112-124.

Saidur, R., K.Y. Leong, H.A. Mohammad, "A review on applications and challenges of nano fluids." Renewable and Sustainable Energy Reviews 15 (2011):1646-1668.

Shen B. "Moagem com lubrificação de quantidade mínima utilizando nanofluidos". Tese de doutoramento. EUA: Universidade de Michigan; 2006.

Singh, A. K., "Thermal Conductivity of Nano fluids." Defense Science Journal, Vol. 58, 2008, pp. 600-607.

Wang, Xiang-Qi, Arun S. Mujumdar, Heat Transfer Characteristics of Nano fluids: A review, International Journal of Thermal Sciences, Vol. 46, 2007, pp. 1-19.

Y. Malmir-Chegini, N. Amanifard, Melhoria da transferência de calor dentro do tubo horizontal semi-isolado, controlando o fluxo secundário de ferro-fluido à base de óleo na presença de campo magnético não uniforme: Uma correlação geral para o número de Nusselt, Engenharia Térmica Aplicada, 159 (2019) 113839.

Yimin Xuan, Wilfried Roetzel, "Conceptions for Heat Transfer Correlation of Nano fluids". Jornal Internacional de Transferência de Calor e Massa, Vol. 43, 2000, pp. 3701-3707.

Printed by Books on Demand GmbH, Norderstedt / Germany